国家级一流本科专业建设成果教材

化学工程与工艺专业实验

易争明
王威燕
杨彦松 主编
邓人杰

化学工业出版社

·北京·

内 容 简 介

《化学工程与工艺专业实验》是为适应当今化学工程与工艺学科的发展要求，并根据湘潭大学化学工程与工艺学科的特点编写而成的。本书内容在重视传统化学工程与工艺实验的同时，还添加了一批依托化工新技术装置开设的新实验项目。

全书共分五章，包括化学反应工程实验、化工热力学实验、化工分离工程实验、化工工艺学实验和化工开发与化工新技术实验，每个实验包括实验目的、实验原理、实验装置、实验步骤及注意事项、实验数据处理、思考题以及拓展阅读等。此外，本书配有实验报告样例等数字资源，读者可微信扫码获取。

本书可作为化工类专业本科与高职高专实验教材，也可供相关技术人员参考使用。

图书在版编目（CIP）数据

化学工程与工艺专业实验/易争明等主编．—北京：化学工业出版社，2023.2（2024.9 重印）
ISBN 978-7-122-42538-6

Ⅰ.①化… Ⅱ.①易… Ⅲ.①化学工程-化学实验-教材 Ⅳ.①TQ016

中国版本图书馆 CIP 数据核字（2022）第 215472 号

责任编辑：吕 尤 徐雅妮　　　　　　装帧设计：张 辉
责任校对：赵懿桐

出版发行：化学工业出版社（北京市东城区青年湖南街 13 号 邮政编码 100011）
印　　装：北京七彩京通数码快印有限公司
787mm×1092mm　1/16　印张 7½　字数 182 千字　2024 年 9 月北京第 1 版第 3 次印刷

购书咨询：010-64518888　　　　　　　　售后服务：010-64518899
网　　址：http://www.cip.com.cn
凡购买本书，如有缺损质量问题，本社销售中心负责调换。

定　　价：29.00 元　　　　　　　　　　　　　　　　版权所有　违者必究

前言

近几年由于湖南省和湘潭大学对化工学科的重点建设,化工学院因此建立起了一批化工新技术装置。以此为契机,化工学科增补了基于新装置的实验项目,帮助学生了解学科的前沿内容。《化学工程与工艺专业实验》是在湘潭大学使用多年的实验讲义的基础上,结合当今化学工程与工艺学科的发展要求,以及本校化学工程与工艺学科的专业特点编写而成。内容上,在汇总传统化学工程与工艺经典实验的同时,编入了化工新技术实验和拓展阅读,辅以可扫码阅读的实验报告样例。希望本教材可以帮助学生掌握化学工程与工艺专业实验的基本原理和实验方法。

本教材包括化学反应工程实验、化工热力学实验、化工分离工程实验、化工工艺学实验和化工开发与化工新技术实验五个部分,可作为化工类专业本科与高职高专的实验教材,也可供化学工程与工艺专业技术人员参考使用。

参加本教材编写的人员有:徐文涛(实验3、6、7、27),杨运泉(实验24、25、30),熊伟(实验4),王威燕(实验28、29),段正康(实验21、22、23),刘平乐(实验13、14、16),吴剑(实验12),杨彦松(实验1、11),艾秋红(实验15、17、18),廖立民(实验5、19、20),邓人杰(实验19、20),游奎一(实验2、8),易争明(实验9、10),李正科(实验26)。各章实验的统稿和审稿人为:化学反应工程实验——周继承;化工热力学实验——吴剑;化工分离工程实验——刘平乐;化工工艺学实验——段正康;化工开发与化工新技术实验——杨运泉。全书由易争明统稿,罗和安主审。

本实验教材的编写得到了学校及学院领导的关心与支持,在此表示衷心感谢。

由于编者水平所限,书中难免存在一些不足,敬请读者批评指正。

湘潭大学化学工程教研室
2022 年 10 月

目录

第一章　化学反应工程实验　　1
实验1　催化剂固体比表面积测定　　1
实验2　连续流动反应器中的返混测定　　6
实验3　气固相催化宏观反应速率测定　　9
实验4　激光粒度分布测试　　15
实验5　搅拌鼓泡釜中气液两相流动特性测定　　17
实验6　流化床反应器流动特性测定　　22
实验7　螺旋通道型旋转床（RBHC）流体力学特性测定　　26
实验8　连续流动液相体系单釜与多釜串联停留时间分布测定　　28

第二章　化工热力学实验　　31
实验9　二元溶液过量摩尔体积测量　　31
实验10　气相色谱法测定无限稀释活度系数　　34
实验11　恒（常）压下汽液平衡测定　　39
实验12　二氧化碳的 p-T-V 关系测定　　45

第三章　化工分离工程实验　　50
实验13　部分回流时精馏柱分离能力测定　　50
实验14　筛板精馏塔全塔效率测定　　53
实验15　精密填料精馏塔等板高度测定　　55
实验16　共沸精馏制备无水乙醇　　58
实验17　液膜分离法脱除废水中的污染物　　62
实验18　电渗析器极限电流及脱盐率测定　　65
实验19　盐效应精馏　　68
实验20　萃取精馏　　70

第四章 化工工艺学实验 73

实验21 乙苯脱氢催化剂的制备 73
实验22 乙苯脱氢制苯乙烯 75
实验23 乙苯脱氢产物的高效液相色谱分析 80

第五章 化工开发与化工新技术实验 88

实验24 流体力学性能测定 88
实验25 填料塔中填料持液量测定 92
实验26 流化床二甲苯氨氧化制苯二甲腈 94
实验27 螺旋通道型旋转床（RBHC）超重力法制备纳米碳酸钙 98
实验28 分子蒸馏提取DHA与EPA 101
实验29 超临界CO_2萃取中药挥发性成分 106
实验30 碳酸二甲酯生产工艺 111

第一章 化学反应工程实验

实验 1 催化剂固体比表面积测定

一、实验目的

1. 熟悉 Ⅱ2300 比表面积测定仪的操作方法,了解其测试基本原理。
2. 了解催化剂等固体物料比表面积的概念。

二、实验原理

处在固体表面的原子,由于周围原子对它的作用力不对称,即原子所受的力不饱和,因而有剩余力场,可以吸附气体或液体分子。比表面积测定仪则是利用气体在一定条件下被吸附在固体物料表面的特性,由仪器测定出固体物料被吸附的气体量(或脱附量)得出其表面积,再除以物料的重量即得出比表面积,单位是:m^2/g。

Ⅱ2300 比表面积测定仪的测量原理如图 1-1-1 所示。

三、实验装置

固体物料比表面积测定实验装置如图 1-1-2 所示。

四、实验注意事项

1. N_2、He 的实际流量必须由质量流量控制器的校核公式 [$1^{\#}$质量流量控制器:$y_{显}=x_{实}/1.134$(通 N_2);$2^{\#}$质量流量控制器:$y_{显}=x_{实}/1.487$(通 He)] 进行计算,并通过计算出的实际流量进行控制。

2. 在混合气体进测定仪前必须干燥,水蒸气的存在会使测量结果有很大的误差,故应在气体混合器内装入干燥剂。

3. 在测定仪通气约 40min 清除仪器管道内的空气和残余气体后,方能进行正式操作。

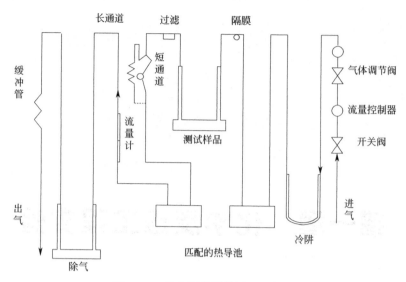

图 1-1-1 比表面积测量原理示意图

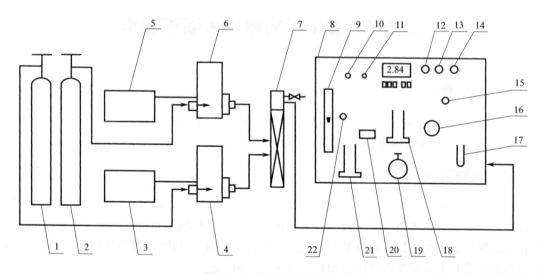

图 1-1-2 装置流程示意图

1—氦气瓶；2—氮气瓶；3—2#流量显示仪；4—2#质量流量控制器；5—1#流量显示仪；
6—1#质量流量控制器；7—气体混合器；8—Ⅱ2300比表面积测定仪；9—转子流量计；10—指示灯；
11—表面积清零键；12—校核键；13—细调零键；14—粗调零键；15—注射口；16—冷阱；
17—长短通道旋钮；18—测试样品管；19—杜瓦瓶；20—温度设定键；
21—除气样品管；22—流量调节旋钮

4. 冷阱处必须放液氮，且液氮的液面离杜瓦瓶顶端1~2cm，液氮不能太少，否则会引起零点的偏移。

5. 长短通道的选择：较小的表面积测量用短通道，但对较大的表面积或孔体积测量，因放出太多气体而需要的时间较长，则只能用长通道。

6. 所测样品应预先进行干燥，然后在除气（DEGAS）处加热除气。一般地说，对较小表面积的样品，要求在250℃的温度下加热除气30min；对较大表面积的样品，要求在

300℃下加热除气约 4h。但主要还是根据被测样品的物性来决定加热除气时间。

7. 此仪器测量表面积的范围为 $0.1\sim280m^2$，但在 $0.5\sim25m^2$ 内（短通道）测量更准确且迅速。

8. 注射口（INJECT）处的隔膜若漏气，则需立即更换。

9. 做此实验前必须准备好高纯氮气、氦气、液氮，事先将样品干燥处理，且注意液氮不要溅落到皮肤上，手不接触液氮，以免严重冻伤。

五、实验步骤

(一) 气体流量控制的操作步骤

1. 检查质量流量控制器与流量显示仪的对应接头是否接好。

2. 开机

(1) 将显示仪后板上的流量设定开关转向"内"端。

(2) 插上总电源插头，将流量显示仪上的红色电源开关置于"通"上。

3. 调零 将流量显示仪上的控制阀开关置于"关闭"位，将流量调节旋旋到零，观察流量显示屏上的读数是否为零。若不为零，则需进行零点调整。可通过显示仪面板上的"调零"电位器调零（向左调时，显示数字的绝对值将变大；向右调时，显示数字的绝对值将变小）。只是，显示仪上调零的调节范围比较小，若遇到较大的零点偏移，还需调节质量流量控制器上的调零电位器才能解决（可通过质量流量控制器上的调零孔调整，用螺丝刀慢慢调节调零螺杆，向左调时显示数字的绝对值将变大，向右调时显示数字的绝对值将变小）。但要注意，调零时不能通气。

4. 开气 先将钢瓶上的减压阀关闭，打开钢瓶上的总阀，再将减压阀打开。由于所需压力很小，故减压阀的分压表不会有明显的示数，当显示仪面板上的阀门控制开关置于"阀控"位时，其显示流量能达到或稍大于满量程 50mL/min（SCCM）时，即表明减压阀上的分压达到工作值。

5. 通气 先将 1# 和 2# 流量显示仪上的阀门控制开关都置于"清洗"位，打开气体混合器上的放空阀以排除空气。

6. 在通气的情况下，将显示仪的阀门控制开关置于"阀控"位，分别调节两台显示仪的"流量设定"旋钮至要求值。

对 N_2 而言（1# 流量计确定为通 N_2），有 $y_显=x_实/1.134$；

对 He 而言（2# 流量计确定为通 He），有 $y_显=x_实/1.487$。

例如，在单点表面积测量时，混合气的总流量为 30mL/min（SCCM），由于混合气的组成为 $30\%N_2$、70%He，则调节 1# 流量计（通 N_2 气）的流量显示为

$$y=30\times30\%/1.134=7.94mL/min$$

调节 2# 流量计（通 He 气）的流量显示为

$$y=30\times70\%/1.487=14.1mL/min$$

7. 20min 后，关闭混合器的放空阀，打开测定仪右下部的进气开关（GAS），通气 20min 以上来清除空气和残余气体。

(二) 吸附仪的操作步骤

1. 打开仪器右下部的电源开关。

2. 在测试（TEST）位置和除气（DEGAS）位置分别安装好一干燥、干净的空样品管。

3. 把U型管置于标有冷阱（COLD TRAP）的位置，务必把两端全部插入，旋紧螺帽密封。

4. 在杜瓦瓶内放入足够的液氮，置于COLD TRAP位置。

5. 调节测定仪前板左边的流量控制开关（FLOW），使转子流量计的浮子位于黄线的附近。

6. 短通道应除气5min，长通道应除气15min，两者都要进行。

（三）样品准备

1. 将某一空样品管取下，在分析天平上准确测出样品管的重量。

2. 把要分析的样品装入样品管中（注意不要装得太满，以免堵塞气体的流通）。

3. 将装有样品的样品管小心插入样品架中，旋紧螺帽，然后插入除气（DEGAS）位置。

4. 将加热套置于装有样品的样品管上，通过温度设定（TEMP.SET）键选择所需温度，加热除气。

5. 装有样品的样品管的重量在测量完表面积后再去分析天平上称重，以得出样品的净重（g）。

（四）测定仪的校核

1. 用1mL注射器抽取1mL液氮置于一边。

2. 将PATH置于短通道（SHORT）。

3. 确认转子流量计浮子位于黄线中间或其附近。

4. 按下DET键和×1挡。

5. 用粗调零键（COARSE ZERO）粗调零，然后用细调零键（FINE ZERO）细调零，使显示屏显示数值为0。（观察5min，使显示屏数据不超过±0.01）

6. 按下SURFACE AREA键和CLEAR SA DISPLAY键，使显示屏显示数值为0。

7. 从注射口（INJECT）处中速注入1mL液氮，注完后取出。

8. 1min后，THRESHOLD开始闪烁，约2min后，该灯有15~20s不闪烁，按下DES键显示数据在±0.02以下，则说明记数已完成。

9. 再按下SURFACE AREA键，调节CALIBRATE旋钮，使显示屏上的数值为2.84（与1mL氮气相当的比表面积为$2.84m^2/g$，说明仪器基准正常。

10. 重复步骤4~9一次。

注：根据$S=2.84V$，$V=1mL$（液氮），与1mL液氮相当的比表面积的理论值为$2.84m^2/g$。

（五）测定比表面积的步骤

1. 将样品管从DEGAS位置移到TEST位置，同时在DEGAS位置放一空样品管。

2. 微调FLOW旋钮，使浮子处于黄线刻度。

3. 注意COLD TRAP处杜瓦瓶内液氮的液面，如不足则添加液氮至适当位置。

4. 按下DET键和×1挡，查看显示屏数值应在±0.02以下。

5. 按下SURFACE AREA键与×1挡。（对于特性未知的材料最好先使用×1挡测量，若样品表面积小于$3.5m^2$，由于样品管中的通道较长而弯曲使得样品脱附缓慢，因此用×1挡测量较有利。用×10挡测量表面积过大的样品，过大的样品可能会使电路超负荷而导致错误。一旦发生这种情况，就会听到比正常声音高而尖的声音，因此要针对样品的不同，选择×1挡或×10挡。）

6. 按下 CLEAR SA DISPLAY 键，使显示屏显示为0。

7. 在 TEST 位置放置好装有液氮的杜瓦瓶，将杜瓦瓶推上。

8. 1min 后（长通道为8min后），THRESHOLD 开始闪烁，约2min后，该灯有15~20s不闪烁，按下 DET 键显示数据在±0.02以下，则说明记数已完成，记录显示值，即为吸附值。

9. 按下 CLEAR SA DISPLAY 键，清除吸附显示结果。

10. 移走液氮，把杜瓦瓶放下，用一装有水的烧杯将样品升至室温。注意杜瓦瓶不能推上。

11. 记数前微调气体流量 FLOW 旋钮，使浮子处于黄线位置。1min 后，THRESHOLD 开始闪烁，约2min后，该灯有15~20s不闪烁，按下 DET 键显示数据在±0.02以下，则说明记数已完成。记数终止后，记录显示屏上的脱附值。注意，脱附值应与吸附值基本一致或略大于吸附值。

12. 重复步骤6~11。

13. 取下样品管，在分析天平上准确称出样品管与样品的总重，最后算出样品的实际重量。

14. 通过重复实验可知：

(1) 对于较小的比表面积的样品而言（$0.5 \sim 25 m^2/g$），其测出的样品比表面积与样品的实际比表面积结果基本一致，几乎没有误差。

(2) 对于较大的比表面积的样品而言（$200 m^2/g$ 以上），其测出的样品比表面积与样品的实际比表面积结果有明显的差别，其矫正计算式为

$$实际比表面积 = 测出比表面积/(1+0.14), m^2/g$$

六、实验数据记录

表 1-1-1　比表面积实验数据记录样表

	样品重量 /g	吸附值	脱附值	比表面积 /(m^2/g)
标样1	0.7525	3.73	4.02	5.476
标样2	0.5979	3.00	3.06	5.118
待测样				

注：S_P 的值一般以脱附值代入计算，这样偏差小。

例如，对标样1：比表面积 $S_P = 4.02/0.7525 = 5.342$ m^2/g

七、思考题

1. 为什么所测样品必须进行干燥处理？

2. 为什么测定仪要事先通入氮-氦混合气体20min？

3. 什么情况下使用长通道，什么情况下使用短通道？

> **拓 / 展 / 阅 / 读**
>
> 在我国催化科学十分落后的情况下，蔡启瑞院士放弃即将获得成果的课题，为了国家的需要，改变科研方向进行催化科学研究，成为我国催化科学研究与配位催化理论的奠基人和开拓者；在我们国家极其困难的时期，闵恩泽院士打破国外对炼油催化剂的技术封锁，坚持自主研发催化剂，以满足国家炼油工业的迫切需求，为我国炼油催化应用科学的发展奠定了基础。

实验 2　连续流动反应器中的返混测定

一、实验目的

了解测定管式反应器停留时间分布实验装置的流程、实验步骤以及数据处理方法。

二、实验原理

活塞流反应器是指流体各截面流体微元具有相同的停留时间的管式反应器，活塞流反应器中各截面上的流体微元同时进入反应器、同时离开反应器，犹如活塞一样。活塞流反应器是管式反应器的理想化模型，以活塞流反应器进行化学反应，将使计算过程大为简化。

然而实际的管式反应器，由于管道可能有死角，管径可能大小不均，流体流动成层流、涡流，局部可能短路，从而使流体各微元的停留时间具有某一连续分布，与活塞流反应器有一定的偏差。这种偏差也使反应结果发生变化。

返混是指不同停留时间的粒子出现混合。活塞流反应器中各粒子的停留时间相同，不存在返混；而全混流反应器的返混程度最大。实际的管式反应器其返混程度介于活塞流和全混流之间。以停留时间分布来衡量流体流动的返混程度，就可描述管式反应器实际流动状况以及判断与活塞流反应器的偏差程度。

停留时间分布常用停留时间分布密度函数 $E(t)$ 与分布函数 $F(t)$ 表示，其定义参见《化学反应工程》教材。通过脉冲法可以得到密度函数 $E(t)$，通过阶跃法可以得到分布函数 $F(t)$。

本实验采用脉冲法测定连续流动管式反应器停留时间分布密度函数 $E(t)$。脉冲法是指一定量的示踪剂瞬时注入反应器的入口流体中，同时测定其出口流体的示踪剂浓度 $c(t)$ 随时间的变化曲线，经过一定换算就可得到相应的 $E(t)$ 曲线。

注入示踪剂后，在时间 $t\sim(t+dt)$ 时间内，示踪剂的出口量 M_i 与注入示踪剂总量 M_0 之比为

$$\frac{M_i}{M_0}=\frac{\text{示踪剂出口量}(t)-\text{示踪剂出口量}(t+dt)}{\text{示踪剂总量}}=\frac{V_0 c(t)dt}{M_0}=\left(\frac{dN}{N}\right)_{\text{示踪剂}} \quad (1\text{-}2\text{-}1)$$

又

$$\left(\frac{dN}{N}\right)_{\text{示踪剂}}=E(t)dt=\frac{V_0 c(t)dt}{M_0} \quad (1\text{-}2\text{-}2)$$

$$E(t)=\frac{V_0}{M_0}c(t) \quad (1\text{-}2\text{-}3)$$

在实际测定过程中,采用电导率仪测定反应器出口示踪剂浓度。记录仪上记录是电压 $U(\mathrm{mV})$ 与时间 t 的变化曲线,而电压随时间变化的曲线与浓度随时间变化的曲线相对应,可以近似呈正比,因此可直接采用 t-U 曲线进行计算。

采用脉冲法测得示踪剂的停留时间分布密度函数 $E(t)$,即流体的密度函数,可以进行密度函数的数学期望平均停留时间与数学方差的计算,从而分析管式反应器与活塞流反应器的停留时间的偏差程度以及如何改善流动状况,降低这种偏差。

三、实验装置

本实验装置如图 1-2-1 所示,采用水为流体,由高位槽经调节阀进入反应器,流量由转子流量计测定。反应装置采用有机玻璃管式反应器,装有填料,可使流体径向流速分布平均,有利于消除返混。示踪剂采用 KCl 溶液,在反应物料进口处瞬时脉冲输入,在反应器出口以电导率仪连续测定出口物料电导率的变化,其结果输入记录仪并打印曲线。

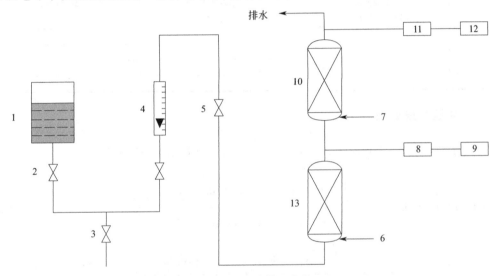

图 1-2-1 实验装置流程

1—高位槽;2—调节阀;3—放空阀;4—转子流量计;5—调节阀;6,7—示踪剂;
8,11—电导率仪;9,12—记录仪;10,13—有机玻璃管式反应器

四、实验步骤

(一) 准备工作

1. 连接好自来水管,向储水罐中注水,备用。
2. 连接好电源线,打开总电源,检查电导率仪和泵是否能正常工作,并设定电导率仪参数,以备测量。
3. 向示踪剂罐中加入适量的示踪剂,并加入一定压力。
4. 打开控制软件,设定开阀时间和采集时间间隔。
5. 检查电磁阀是否正常工作。

(二) 开车

1. 打开进水泵开关,调节转子流量计,让水注满反应管,并从塔顶稳定流出,调节不同的进水流量分别进行四次实验。

2. 待流量稳定后,点击软件左上方的"开始实验",确认开阀时间和采集时间间隔,开始实验。

3. 当电脑记录显示的曲线达到开始的基线数值时,即为终点。

(三) 停车

1. 向示踪剂罐中加入适量的水,清洗示踪剂的管路和电磁阀。
2. 关闭水源,将仪器中的液体放净。
3. 关闭仪器,断开电源,关闭电脑。

五、实验数据记录

(一) 实验数据记录表格

表 1-2-1 实验数据记录样表

实验次序	水流速度 (转子流量计刻度)	示踪剂量 /mol	峰区时间 /s
1			
2			
3			
4			

(二) 实验数据处理

1. 通过实验记录 $c(t)$ 曲线,按 $E(t) = \dfrac{V_0}{M_0} c(t)$ 计算出 $E(t)$ 曲线。

由平均停留时间

$$\bar{t} = \frac{\int_0^\infty \tau E(t)\mathrm{d}t}{\int_0^\infty E(t)\mathrm{d}t} = \frac{\int_0^\infty \tau c(t)\mathrm{d}t}{\int_0^\infty c(t)\mathrm{d}t} = \frac{\sum t_i c(t_i)}{\sum c(t_i)} \tag{1-2-4}$$

$$\delta_t^2 = \frac{\int_0^\infty t^2 E(t)\mathrm{d}t}{\int_0^\infty E(t)\mathrm{d}t} - \bar{t}^2 = \frac{\sum t_i^2 c(t_i)}{\sum c(t_i)} - \bar{t}^2 \tag{1-2-5}$$

均采用梯形积分或辛普森积分。

2. $\bar{t}$ 与活塞流反应器 $\tau = \dfrac{V_R}{V_0}$ 进行比较。

由 δ_t^2 计算对比方差

$$\delta_\theta^2 = \frac{\delta_t^2}{\bar{t}^2} \tag{1-2-6}$$

六、主要符号说明

t —时间,s;　　　　　　　　M_0 —示踪剂总量,mol;

$\bar{t}$ —平均停留时间,s;　　　　δ_t^2 —方差;

$E(t)$ —停留时间分布密度函数;　　δ_θ^2 —无因次方差;

$F(t)$ —停留时间分布函数;　　　τ —活塞流反应器停留时间,s;

$C(t)$ —示踪剂出口浓度,mol/m³;　V_R —反应器体积,m³;

M_i —示踪剂出口量,mol;　　　V_0 —体积流量,m³/s。

七、思考题

1. 反应器装填的填料有何作用？
2. 流体流速对时间-电压曲线形状有何影响？
3. 示踪剂量过多或过少对时间-电压曲线有何影响？
4. 管式反应器与活塞流反应器有差别的主要原因是什么，如何改进？

拓 / 展 / 阅 / 读

在过去的20年里，流动化学在学术研究和工业领域都取得了重大的进展。连续流动化学技术使得传统批量方法无法实现的化学反应得以实现，并有助于生产加工方式的改进。流动化学技术可以覆盖从简化的系统到高度自动化的平台，这些技术将会对化工、制药行业未来发展产生重大影响。

很多化学问题的解决方案取决于在连续流动中的许多变量，比如传热和传质混合效率，反应条件的精准可控等。在连续流动化学中，这些变量的微小变化都可能对反应结果产生重要的影响。在过去的几年里，连续流动化学取得了长足的进步，也让我们发现了许多在连续流动化学中运行反应的优点。

实验3 气固相催化宏观反应速率测定

气固相催化反应是在催化剂颗粒表面进行的非均相反应。如果消除了传递过程的影响，可测得本征反应速率，从而在分子尺度上考查化学反应的基本规律。如果存在传热、传质过程的阻力，则测得的是宏观反应速率。测定工业催化剂颗粒表面上非均相反应的宏观反应速率，可与其本征反应速率对比而得到效率因子实验值，可直接用于工业反应器的操作优化和模拟研究，因而对工业反应器的操作与设计具有很大的实用价值。

一、实验目的

1. 掌握宏观反应速率的测定方法。
2. 了解和掌握气固相催化反应实验研究方法。
3. 了解内循环无梯度反应器的特点和操作方法。

二、实验原理

采用工业粒度的催化剂测定宏观反应速率时，反应物系经历外扩散、内扩散与表面反应三个主要步骤。对工业粒度的催化剂而言，外扩散阻力与工业反应器操作条件有很大关系，线速度是影响外扩散传质阻力的主要因素。设计工业反应装置和实验室反应器时，一般选用足够高的线速度，使反应过程排除颗粒外部传质阻力。本实验测定的反应速率实质上是在排除外部传质阻力后包含内部传质阻力的宏观反应速率，能表征工业催化剂的颗粒特性，便于应用于反应器设计与操作。催化剂颗粒通常制成多孔结构以增大其内表面积，因此颗粒的内表面积远远大于外表面积。反应物必须通过孔内扩散,并在不同深度的内表面上发生化学反应,而反应产物则反向扩散至气相主体,扩散过程将形成内表面各处的浓度分布。颗粒的粒度是影响内部传质阻力的重要因素,将工业粒度催化剂的宏观反应速率与本征反应速率比较,则可以判别内扩散对反应的影响程度。

气固反应过程的实验室反应器可分为积分反应器、微分反应器以及无梯度反应器。其中,以内循环无梯度反应器最为常见,这种反应器结构紧凑,容易达到足够的循环量和维持等温条件,因而得到了较快的发展。

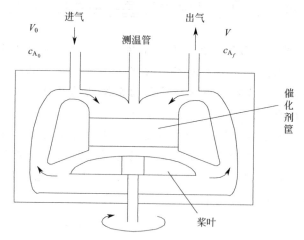

图 1-3-1 内循环无梯度反应器示意图

图 1-3-1 所示的实验室反应器,是一种催化剂固定不动的内循环无梯度反应器,采用涡轮搅拌器,造成反应气体在反应器内的循环流动。如反应器进口引入流量为 V_0 的原料气,浓度为 c_{A_0},出口流量为 V、浓度为 c_{A_f} 的反应气。当反应为等摩尔反应时 $V_0 = V$;当反应为变摩尔反应时,V 可由具体反应式的物料衡算式推导,也可通过实验测量。设反应器进口处原料气与循环气刚混合时,浓度为 c_{A_i},循环气流量为 V_c,则有

$$V_0 c_{A_0} + V_c c_{A_f} = (V_0 + V_c) c_{A_i} \tag{1-3-1}$$

令循环比 $R_c = V_c / V_0$,得到

$$c_{A_i} = \frac{1}{1+R_c} c_{A_0} + \frac{R_c}{1+R_c} c_{A_f} \tag{1-3-2}$$

当 R_c 很大时,$c_{A_i} \approx c_{A_f}$,此时反应器内浓度处处相等,达到了浓度无梯度。经实验验证,当 $R_c > 25$ 后,反应器性能相当于一个理想混合反应器,它的反应速率可以简单求得

$$r_A = \frac{V_0 (c_{A_0} - c_{A_f})}{V_R} \tag{1-3-3}$$

以单位质量催化剂计算的反应速率

$$r_{A_w} = \frac{V_0 (c_{A_0} - c_{A_f})}{W} \tag{1-3-4}$$

因而只要测得原料气流量与反应气体进出口浓度,便可得到该条件下的宏观反应速率值。进

一步按一定的设计方法规划实验条件,改变温度和浓度进行实验,再通过计算机进行参数估计和曲线拟合,便可获得宏观动力学方程。

本实验针对乙醇脱水制乙烯的反应,选用硅铝酸盐为催化剂,采用内循环无梯度反应器,测定反应宏观速率,建立动力学模型。

乙醇在硅铝酸盐催化剂催化作用下的脱水过程,可用如下平行反应来描述:

$$2C_2H_5OH \longrightarrow C_2H_5OC_2H_5 + H_2O$$

$$C_2H_5OH \longrightarrow C_2H_4 + H_2O$$

可见,乙醇既可以进行分子内脱水生成乙烯,又可以进行分子间脱水生成乙醚。一般而言,较低的反应温度有利于生成乙醚,较高的反应温度有利于生成乙烯。因此,反应温度条件的控制对目标产物乙烯的选择性和收率有重要影响。

三、实验装置

1. 实验流程

本实验采用常压内循环无梯度反应装置系统,装置流程如图 1-3-2 所示。由控制系统、反应系统和检测系统组成。反应系统包括气体质量流量计、蠕动泵、预热器、内循环无梯度

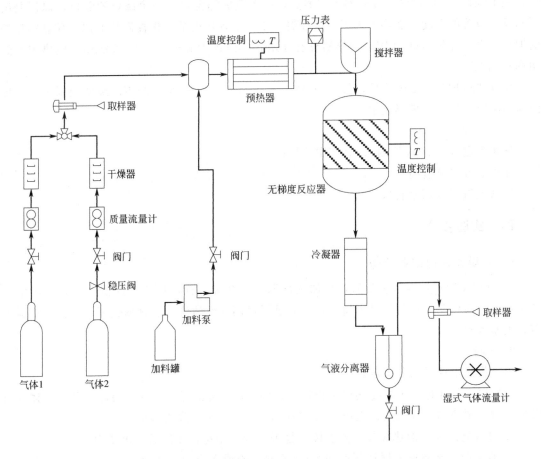

图 1-3-2 宏观反应速率测定流程图

11

反应器、冷凝器、气液分离器和湿式气体流量计；控制系统为触控一体机；检测系统包括气相色谱仪、色谱工作站和计算机。

氮气钢瓶出来的氮气经减压计量后与从蠕动泵打出的乙醇混合进入预热器，在此乙醇汽化并与氮气充分混合均匀。从预热器出来的混合气进入无梯度反应器，从下而上经过床层，反应产物从反应管上端出来，可以直接经保温进入气相色谱采样分析，也可经冷凝器和气液分离器分离后进入气相色谱采样分析。分析结束后，改变实验条件，体系稳定期间产品经过冷凝器冷凝，进入气液分离器，尾气经湿式气体流量计排空，液相经气液分离器下端阀门取样。改变气液流量等实验条件，进行多组实验。

预热温度和反应温度由触控一体机自动控制。反应前乙醇由蠕动泵精确计量；反应后，裂解气流量由湿式气体流量计测定，裂解气、液体的组成用气相色谱定量分析，进而计算出一定条件下反应的转化率、乙烯的选择性、收率。实验时，对于每一个实验点，当反应条件满足其设定要求后，为确保实验条件的稳定性，反应系统在该条件下进一步稳定30min后测取数据，然后改变温度、进料流量等反应条件，开始新条件下的实验。

2. 实验装置及试剂

该装置由反应系统和控制系统组成，反应器为内循环无梯度反应器，不锈钢材质。自由空间145mL，设计搅拌转速3000r/min，设计压力12MPa，使用温度常温～500℃，催化剂筐容积12mL。反应器内部设置两个测温点，一个筐底测温口，一个筐口测温口，以便测出不同反应位置的温度。加热炉采用一段控温，于炉子顶部内插一根控温热电偶，控制加热炉的加热功率，加热功率2kW。预热器外径16mm、内径10mm、长度250mm，预热炉加热功率0.5kW。

反应加热炉为圆形闭式炉，加热炉$\phi 300 \times 250$mm，加热功率2kW，温度控制灵活，控温与测温数据均在触摸屏显示。

主要试剂：

气相色谱仪（TCD检测），氢气作载气；

无水乙醇（分析纯）；

原料气氮气（钢瓶装）。

四、实验步骤

（一）操作前的准备工作

1. 检查反应器：拆卸接头后，将加热炉取出，卸掉螺栓，抬起反应器上盖，露出催化剂筐，检查筒体与催化剂筐是否清洁，如有脏污可用丙酮清洗。装好催化剂，盖上反应器上盖，上紧螺栓。

2. 试漏

（1）将热电偶插入各测定点。

（2）检查气体进、出口连接点是否紧密，确定反应介质是气体还是液体，若是液体（可燃易爆物）则要用氮气吹扫，充压至0.1MPa，5min后不下降为合格。

3. 检查电路和各加热线及测温点接头是否与标志相符，无误后才可使用。

4. 通电前一定要通入搅拌器冷却水！（不允许未通入冷却水就通电）

5. 开启搅拌马达调速电机电源，设定转速，电机磁缸开始转动，观察转动是否平稳。

(二) 开车操作

1. 通入冷却水，开启搅拌电源，设定转速。
2. 调节氮气质量流量计，通入氮气，开启预热器与反应器加热炉，设定实验所需要的温度。
3. 温度稳定后，可通入反应物料。反应器温度控制是靠插在加热炉上的热电偶感知温度后传送给仪表再去执行的，它的温度要比反应器内温度高出50～100℃，故给定值要高些。预热器的温度不要太高，对液体能使它汽化即可。
4. 在操作的时候要注意保持通水，不能断水。

(三) 实验条件

1. 内循环无梯度反应器性能检测

对实验所用内循环无梯度反应器检测结果表明，当搅拌转速大于1200r/min时，流体相在反应器内满足理想混合的要求。试验中，搅拌叶实际转速控制在1300～1500r/min范围内。

2. 色谱分析条件

(1) 色谱柱：癸二酸与GDX-103混合固定相，3m×0.25mm，不锈钢柱。
(2) 检测器：本实验采用TCD检测器，载气为氢气。
(3) 柱温：由实验知，随着柱温的降低，保留时间增加，但温度过高（大于120℃），容易使基线偏移较大。综合考虑，柱温选择为100℃。
(4) 载气流速：通过考查载气流速对组分分离的影响，在一定的载气流速范围内（20～40mL/min）载气流速对组分分离影响不大，载气流速的增加可显著降低保留时间。但对热导检测器灵敏度有明显影响，载气流速越高，检测灵敏度越低。综合考虑，载气流速30mL/min左右为宜。

最后确定的色谱分析条件为：载气 H_2，柱温 100℃，汽化温度 125℃，检测温度 125℃，载气流速 30mL/min，桥电流 100mA。

(四) 实验步骤与数据记录

1. 开启反应系统

(1) 给无梯度内循环反应器通冷却水，然后按照反应器操作步骤操作。
(2) 根据实验点设置所需温度。
(3) 待预热温度达到110℃时，开启蠕动泵。
(4) 预热10min后，排气、调节流量向反应器进料。

2. 开启检测系统

进行上述操作的同时，开启气相色谱仪，开启数据采集与处理计算机，连通色谱工作站，调节正常后等待样品分析。

3. 数据记录与处理

(1) 观察反应温度曲线平稳后（即反应温度后），按下蠕动泵键，同时快速排掉产物液样。
(2) 每隔30min用湿式气体流量计观测一次裂解气的流量，并通过色谱仪分析气样组成。
(3) 30min后，用干燥小烧杯接取裂解液，称其质量，分析液样组成，重复三次。
(4) 然后可改变流量或反应温度，开始新条件的实验。

五、实验数据记录

表 1-3-1　实验数据记录样表

实验号	反应条件		乙醇进料量 /(mL/h)	产物组成(摩尔分数)/%				
	温度 /℃	表压 /MPa		乙烯	水	乙醛	乙醇	乙醚

六、实验数据处理

1. 根据实验数据，计算出不同条件下的宏观反应速率值。
2. 与本反应系统的本征反应速率进行比较，得到效率因子实验值。
3. 对实验结果与实验方法进行分析讨论。

七、思考题

1. 内循环无梯度反应器属于微分反应器还是积分反应器，为什么？此类反应器有何优点？
2. 考虑内扩散影响的宏观反应速率是否一定比本征反应速率低？
3. 涡轮搅拌器的作用是什么，应如何确定叶轮的转速？
4. 为何要在实验稳定一段时间后方能测数据？

八、主要符号说明

c_{A_0}—原料气摩尔浓度，mol/m^3；　　　　V_R—催化剂装填量，m^3；

c_{A_f}—反应器出口浓度，mol/m^3；　　　　W—催化剂质量，kg；

c_{A_i}—反应器进口处混合浓度，mol/m^3；　　r_A—以单位催化剂体积计算的反应速率，$mol/(m^3 \cdot h)$；

R_c—循环比；　　　　　　　　　　　　　V_0、V_c—原料气流量、循环气流量，m^3/h；

V—出口气体流量，m^3/h；　　　　　　　r_{A_w}—以单位催化剂质量计算的反应速率，$mol/(kg \cdot h)$。

拓 / 展 / 阅 / 读

气固催化反应的研究是从 20 世纪 70 年代初开始的，因为人们可以从微观上对表面现象进行观测，所以气固表面反应得到飞速的发展。德国化学家 Gerhard Ertl 在表面化学领域做了大量的研究，并因其在"固体表面的化学过程"研究中做出的开拓性贡献而独享 2007 年诺贝尔化学奖。

我国在近 40 年的气固反应的研究方面也取得了飞跃的发展。清华大学能源与动力工程系是我国进行气固反应理论与技术研究和开发的重要基地，近些年来，在固体吸附剂脱除二氧化碳、基于金属载氧体的化学链燃烧、铁-蒸汽法制氢、中高温固体吸附制氧等方面进行了大量、深入的基础理论研究。

实验4 激光粒度分布测试

一、实验目的

1. 了解 JL-1155 型激光粒度分布测试仪的使用方法。
2. 了解粒度分布测试原理和操作方法。

二、实验原理

激光粒度仪一般是由激光器、富氏透镜、光电接收器阵列、信号转换与传输系统、样品分散系统、数据处理系统等组成(图 1-4-1)。激光器发出的激光束,经滤波、扩束、准值后变成一束平行光,在该平行光束没有照射到颗粒的情况下,光束经过富氏透镜后将汇聚到焦点上。当通过某种特定方式把颗粒均匀放置到平行光束中时,激光发生衍射和散射现象,一部分光将与光轴成一定的角度向外扩散。大颗粒引发的散射光与光轴之间的散射角小,小颗粒引发的散射光与光轴之间的散射角大。这些不同角度的散射光通过富氏透镜后汇聚到焦平面上将形成半径不同明暗交替的光环,不同半径上的光环都代表着粒度和含量信息。这样在焦平面的不同半径上安装一系列光的电接收器,将光信号转换成电信号并传输到计算机中,再用专用软件进行分析和识别这些信号,就可以得出粒度分布。

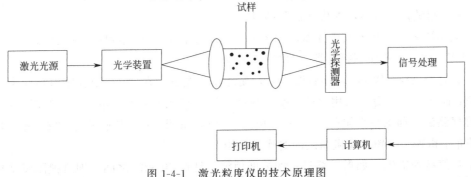

图 1-4-1 激光粒度仪的技术原理图

三、实验装置

激光粒度仪的结构如图 1-4-2 所示。样品在分散槽分散以后,通过循环泵使样品在测试皿中间通过,激光透过测试皿,使粒径不同的粒子产生不同大小的投影,再通过仪器本身的统计软件统计出粒子的粒度分布。

四、实验步骤

1. 打开计算机电源,待计算机自检完成后,再打开仪器电源。为保证仪器测试稳定,仪器开机后应预热 30min 以上。

2. 运行 JL-1155 文件即可进入测试状态,之后按菜单提示操作即可。

3. 按下 OUT 键(指示灯亮为不放水,不亮为放水),在分散槽中加入 $\frac{1}{2} \sim \frac{3}{5}$ 深度的水,

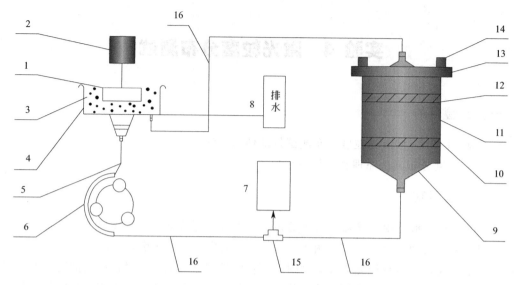

图 1-4-2 激光粒度仪的结构与流程图

1—搅拌器叶；2—搅拌器电机；3—被测试样；4—分散槽；5—测试皿上接关；6—蠕动泵；
7—电磁阀；8—排水槽；9—送样前室；10—测试皿下关垫片；11—测试皿；12—上接头垫片；13—压块；
14—固定螺钉；15—三通管接头；16—管道

开启循环泵（按下 PUMP 键，灯亮为开、不亮为停），充分排出气泡。

4. 按下"2"键，调整测试仪器空白（如仪器状态需调整，照提示按"0"键），直到屏幕显示为"测试仪器空白，加份测试"即可。

5. 关循环泵，提起机械搅拌器，加入 0.1～1.5g 的被测试样和一定的分散剂，开启超声波（UW 键），放下机械搅拌器，分散 15～60s。

6. 关超声波（UW 键），开启循环泵，循环 15s 左右。在"B"键程序内，如果最大粒径≤20μm，按"C"键，采用"C"程序测试。如果最大粒径≤36μm，按"V"键，采用"V"程序测试。如果最大粒径＞48μm，按"B"键，采用"B"程序测试。"Z"键为自动测试，是介于粗粉、微粉、超微粉之间时作参考用。

7. 连续按所需键，如果屏幕显示的浓度稳定，且在 50～80 之间，即可把测试结果保存（按"D"键，自己取文件名，回车即可）。

8. 按"W"键，回到操作菜单，选择存盘打印，按操作提示即可（先加纸）。

9. 测试完毕后，用水清洗三次（洗的时候不放水），再次测试时，可重复进行以上各步骤。

五、实验注意事项

1. 分散槽中没有水时，严禁开启超声波，否则将可能损坏超声波发生器。

2. 每次测试完毕后，务必用水清洗测试皿，直到按"2"键，屏幕显示"测试仪器空白，加份测试"，方可进行下次实验。

3. 以上操作步骤请勿颠倒顺序。

六、实验数据处理

1. 体积频度分布，即相邻粒径之间的含量所占百分比（分布密度）。

2. 体积累积分布，即相应粒径以下的含量所占的百分比（分布函数）。
3. 50%粒径，该粒径以下的含量所占的百分比为50%（其他类似）。
4. 曲线的横坐标为对数坐标，纵坐标为百分数。

表 1-4-1　实验数据记录样表

分析样品名称	
平均粒径/cm	
样品的浓度/(mol/m^3)	
最大粒径/cm	

表 1-4-2　实验数据处理样表

频度分布	累积体积百分率
	10%
	50%
	90%
	97%

七、思考题

1. 激光粒度仪的技术特点是什么？
2. 激光粒度仪精度的影响因素有哪些？

拓 / 展 / 阅 / 读

英国马尔文仪器有限公司于1970年制造出世界第一台商用激光粒度分析仪，成为举世公认的激光粒度分析技术的先锋及行业标准。日本HORIBA公司长年积累的粒子径迹测量技术和经验，使其在复杂预处理和使用电子显微镜进行确认等评价很困难的毫微尺寸控制方面引发了变革。

我国粒度测试技术研究工作起步于20世纪70年代，激光粒度仪的研制自20世纪80年代开始。在此之前，国内的激光粒度仪全部依赖进口。近年来，我国激光粒度仪行业发展迅猛，具有自主知识产权的、性能优良的国产粒度仪产品不断问世。天津大学、济南大学、上海理工大学、丹东仪表所等单位先后做了大量的工作，并在近十年有了明显的突破。目前，我国激光粒度测试技术处于成熟阶段，以准确性、重复性为代表的主要性能指标达到了国际顶尖水平。

实验 5　搅拌鼓泡釜中气液两相流动特性测定

气液反应是化学反应过程和传质过程相结合的复杂过程，在设计气液反应器时，不仅要考虑影响化学反应的诸因素，同时也必须考虑影响传质过程的诸因素。本实验就是在一定的几何尺寸和一定形式的搅拌鼓泡釜内，通过改变气量和搅拌速度，观察釜中气液两相流动状况和分散特性，并通过测定气含率，来表征传质状况的变化，为气液反应的放大提供重要参数。

一、实验目的

1. 掌握测定搅拌鼓泡釜气含率的实验方法。

2. 了解搅拌鼓泡釜内各种流型下气液两相的流动和分散情况。

二、实验原理

在工业生产中，气液反应一般属于液膜传质控制，反应速度可用式(1-5-1) 描述

$$\frac{1}{V} \cdot \frac{dn_i}{d\theta} = K_i \beta \Delta C_i \tag{1-5-1}$$

式中，K_i 为物理传质系数，β 为因化学反应而使传质加快的增强比数。β 和 ΔC_i 主要与化学反应的特性有关，而搅拌却直接影响到传质系数 K_i。如能保证在放大时对 K_i 的影响很小，传质状况的变化主要是比相界面积 a 改变的结果。

a 与气含率 ε 和气泡直径 d_p 的关系如下

$$a = \frac{6\varepsilon}{d_p} \tag{1-5-2}$$

在大于临界转速的范围内 d_p 变化不大，故 $a \propto \varepsilon$，而比相界面积增加主要是气含率提高的结果。这样就可用较易测量的气含率来表征传质状况的变化。

实验时对于一定的气量，在不同的转速下，直接从附于釜壁上的标尺测得液层高，按气含率的定义算出 ε 值

$$\varepsilon = \frac{H_f - H_0}{H_f} \tag{1-5-3}$$

式中　H_0——静液层高度；

　　　H_f——通气时液层高度。

对于不同物系的实验结果表明，气含率随气速 u 及转速 n 的变化具有相似的规律性。以水-空气系统为例，气含率的典型曲线几乎呈 "S" 型，见图1-5-1。

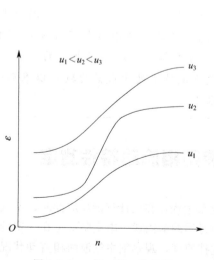

图1-5-1　ε 与 n 及 u 的关系

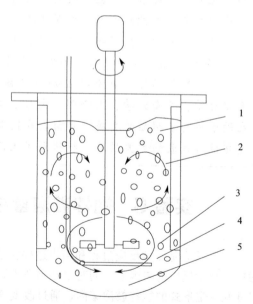

图1-5-2　在气泛消失时釜内流况
1—浮升区；2—上旋区；3—喷出区；
4—下旋区；5—无泡区

此外，在一定的进气量下，不同的桨型要有相应的转速才能使气体分散成均匀的小气泡。当搅拌强度足够大时，釜内两相流动的工况大致可分为五个区，即浮升区、上旋区、喷出区、下旋区和无泡区，如图 1-5-2 所示。其中喷出区，气泡被旋转的桨叶打碎，两相界面不断更新，是传质最强的区域；上旋区和下旋区是向上回旋和向下回旋的两股液体，其中包含大量微小的涡流，它们不断剪切气泡，使大气泡破碎成大致与涡流直径相等的均匀小气泡，并被卷入向上的液体和向下的液体中，该两区为中度传质区；浮升区中气泡浮力的作用超过流体动力的影响，故气泡浮升而上，同时由于气泡的聚并使气泡的直径略微增大，该区为弱传质区；而无泡区则是指釜下呈圆锥形的清流液层，该区几乎没有气泡。这五个区域随着搅拌强度变化其范围亦有所伸缩，在临界转速附近主要是气泡的浮升和不明显的上旋区，其余几乎全是清流液层，这时桨叶不能把全部气泡分散，于是出现未能粉碎的大气泡，直冲液面爆破，表面呈现腾涌现象。增加转速后，在外力作用下，流体具有较多的内能，并产生更多的涡流，逐渐出现五个不同的液型。当搅拌足够强时，清流液层消失，釜内各处都有气泡在运动。

根据图 1-5-1 并结合观察到的现象，我们可以把 n 与 ε 曲线分为三个区域：①完全气泛区；②过渡区；③均匀分散区。从完全气泛区到过渡区，随着 n 的增加，ε 开始增加较快，这时气泡已基本上被均匀粉碎，在旋转的作用下，偏向器壁迁回再逸出液面，并出现了部分上旋的涡流。我们把能使气体均匀分散所需的桨叶最低转速称为临界转速 n_0。当从过渡区进入均匀分散区以后，如继续增加转速，气含率变化不大，釜内已没有聚并产生的大气泡，流动平缓，不再出现腾涌，桨下几乎没有清流液层，釜内气泡大小比较均匀，气液两相成为均匀的混合体，气泛消失，桨叶已能完全将气体粉碎。反之，高转速逐渐降低时，当到达某一转速范围，气含率便显著下降，桨叶附近开始出现清流液层，釜内有大气泡直冲液面而爆破，这时开始出现腾涌或气泛。我们把出现或消失气泛现象时的转速定为泛点转速 n'，对应的气速称作泛点气速 u'。

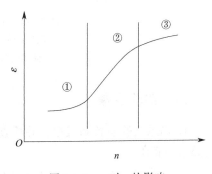

图 1-5-3　n 对 ε 的影响

为了求得某气速下的 n_0 和 n'，可根据上面的定义，并从图 1-5-3 曲线看出，它们应位于发生突变的两个拐点处。对曲线上、下两拐点做切线后，求出其交点，并与实际观察值相印证后求出 n_0 和 n'。实验表明，在较高的气速范围内，n_0 是随着空釜气速 u_{OG} 的增加而提高的，同样，n' 也是随着 u_{OG} 的增加而提高的。

在本实验中，对于 n_0 和 n' 的计算，可采用如下关联式

$$n_0 d = 12.0 \left(\frac{\sigma}{\rho}\right)^{0.25} + 2.68 \left(\frac{D}{d}\right)^{1.5} \cdot \left(\frac{\rho}{\sigma}\right)^{0.193} \cdot u_{OG} \tag{1-5-4}$$

$$n' d = 10.1 \left(\frac{D}{d}\right)^{0.233} \cdot D^{0.5} + 0.830 \left(\frac{D}{d}\right)^{1.9} \cdot u_{OG} \tag{1-5-5}$$

式中　σ——流体表面张力，N/cm；

ρ——流体密度，g/cm³；

D——釜径，cm；

d——桨径，cm；
u_{OG}——空釜气速，cm/s。

三、实验装置

本实验使用的有机玻璃搅拌釜内装有四块挡板，搅拌桨采用六叶直叶式涡轮桨，其直径与釜径之比为3∶1。桨下设有圆环气体分布器，环下均匀分布38个直径约1mm的小孔。转速由直流电机调节，并通过转速数字显示屏显示，空釜气速 u_{OG} 为 1.0～13.0cm/s，实验对于一定的气量，在 200～1200r/min 的不同转速下，直接从附于釜壁的标尺测得液层高，按气含率定义式算出 ε 值。本实验是在液相不连续流动时测定的气含率，此气含率为静态气含率。实验流程见图1-5-4。

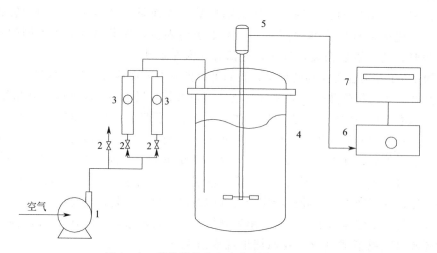

图 1-5-4　鼓泡搅拌釜气含率测定流程示意图
1—风机；2—调节阀；3—转子流量计；4—搅拌釜；
5—搅拌电动机；6—调速器；7—转速数字显示仪

四、实验步骤

1. 熟悉实验装置和流程，并检查装置仪器是否完好无误，保证气体流路畅通，不漏气，电路接线正确。

2. 在搅拌釜中放入一定液高的水。

3. 打开流量计控制阀和排气阀，然后启动风机通入空气，用流量计控制阀和排气阀调节所需的流量。

4. 启动电动搅拌机，由调速器在 0～300r/min 范围内调速，记录在每一转速下的釜内气液层高度 H_f。同时观察釜内气液两相的流动状况和气流分散情况。在达到泛点转速后釜内出现五种流型区域，记录其现象。并注意记录在临界转速和泛点转速下气液两相的流动情况和分散情况，以便在 ε-n 曲线上印证 n_0 和 n' 值，而最后确定 n_0 和 n'。

5. 在 0～8m³/h 内，改变气量，重复4的操作，根据记录数据，可以做出在不同气量下的一组 ε-n 曲线。

6. 实验完毕，切断电源，关闭气路。

五、实验数据记录

搅拌鼓泡釜的主要尺寸：
釜高 $H=$ _____ cm； 釜径 $D=$ _____ cm；
桨径 $d=$ _____ cm； 挡板宽度 $W=$ _____ cm；
静液层高度 $H_0=$ _____ cm；
记录数据：_____；
环境温度：_____ ℃； 水温：_____ ℃。

表 1-5-1 实验数据记录样表

通气量 V_n /(m³/h)	转速 n /(r/min)	气液层 H_f /mm	气含率 ε /%	临界转速 n_0 /(r/min)	泛点转速 n' /(r/min)

六、实验数据处理

根据记录数据，由气含率的定义式求出 ε，并将通气量换算成空釜气速 u_{OG}，做出每一气量下的 ε-n 曲线图。且将做图所得的临界转速 n_0 和泛点转速 n' 与实际观察值相印证，最后确定出 n_0 和 n'。

七、思考题

1. 在实际生产中，为了获得最佳气含率和最优的传质条件，应该怎样选择搅拌釜的转速？
2. 根据实验结果，n_0-u_{OG} 及 n'-u_{OG} 两条曲线的关系是什么？
3. 在全面观察气液反应过程时，除了可用 ε 作为放大依据外，还需注意什么？

> **拓 / 展 / 阅 / 读**
>
> 鼓泡搅拌釜又称通气搅拌釜，利用机械搅拌使气体分散进入液流以实现质量传递和化学反应。常用的搅拌器为涡轮搅拌器，气体分布器安装在搅拌器下方正中处。鼓泡搅拌釜因搅拌器的形式、数量、尺寸、安装位置和转速都可进行选择和调节，故具有较强的适应能力。当反应为强放热时，反应器可设置夹套或冷却管以控制反应温度；还可在反应器内设导流筒，以促进定向流动；或使气体经喷嘴注入，以提高液相的含气率，并加强传质。
>
> 与填充塔、板式塔相比，鼓泡反应器的主要特点是液相体积分数高（可达90%以上），单位体积液相的相界面积小（在 $200 m^2/m^3$ 以下）。当反应极慢，过程由液相反应控制时，提高以单位反应器体积为基准的反应速率主要靠增加液相体积分数，宜于采用鼓泡反应器。

实验6 流化床反应器流动特性测定

一、实验目的

1. 通过本实验对流化床反应器有初步的了解，加深对流化床基本规律和性能的理解。
2. 掌握流化床的临界流化速度的测定、流化曲线的描绘、膨胀比的测定等实验方法以及能对流化床的流动状态进行一定的分析。

二、实验原理

当气流通过流化床内颗粒催化剂之间的空隙时，在一定流量范围随着流量的增大，气体与固体颗粒之间所产生的阻力损失也随之增大，床层高度不变但压降不断升高，这时床内压差可用式(1-6-1)描述

$$\Delta p_1 = 150 H_0 \frac{(1-\varepsilon)^2 \mu u_0}{\varepsilon^3 (\phi_s d_p)^2} + 1.75 H_0 \frac{1-\varepsilon}{\varepsilon^3} \cdot \frac{\rho_g u_0^2}{\phi_s d_p} \tag{1-6-1}$$

式中等号右边的第一项为黏性能量损失，主要在气速较低时起作用，第二项为惯性流动的能量损失，它在气速较高时起着主导作用，即，当 $Re_p = \dfrac{d_p \rho_g u_0}{\mu} < 20$ 时

$$\Delta p_1 = 150 H_0 \frac{(1-\varepsilon)^2 \mu u_0}{\varepsilon^3 (\phi_s d_p)^2} \tag{1-6-2}$$

当 $Re_p = \dfrac{d_p \rho_g u_0}{\mu} > 20$ 时

$$\Delta p_1 = 1.75 H_0 \frac{1-\varepsilon}{\varepsilon^3} \cdot \frac{\rho_g u_0^2}{\phi_s d_p} \tag{1-6-3}$$

式中　Re_p——以固体颗粒为基准的雷诺数；

　　　ε——床层空隙率；

　　　u_0——气体塔空床流速，m/s；

　　　ρ_g——气体密度，kg/m³；

　　　d_p——固体颗粒平均直径，m；

　　　μ——气体黏度，Pa·s；

　　　H_0——床层静止高度，m；

　　　ϕ_s——固体颗粒形状系数，球形颗粒 $\phi_s=1$。

随着流量的增加，气速达到某一值时，床层开始松动，即开始流化。此后，随着流量的增加，床内压降基本不变，床层则不断增高，这时床内压差可用式(1-6-4)计算

$$\Delta p_2 = H_{mf}(1-\varepsilon_{mf})(\rho_s-\rho_g)g \tag{1-6-4}$$

式中　H_{mf}——起始流化时床层高度，m；

　　　ρ_s——固体颗粒密度，kg/m³；

　　　ε_{mf}——起始流化时床层空隙率；

　　　g——重力加速度，m/s²。

起始流化时，有 $\Delta p_1 = \Delta p_2$，$u_0 = u_{mf}$。于是，当 $Re_p = \dfrac{d_p \rho_g u_0}{\mu} < 20$ 时

$$u_{mf} = \frac{(\phi_s d_p)^2}{150} \cdot \frac{\rho_s - \rho_g}{\mu} \cdot \frac{\varepsilon_{mf}}{1-\varepsilon_{mf}} \cdot g \tag{1-6-5}$$

当 $Re_p = \dfrac{d_p \rho_g u_0}{\mu} > 100$ 时

$$u_{mf} = \frac{\phi_s d_p}{1.75} \cdot \frac{\rho_s - \rho_g}{\rho_g} \cdot \varepsilon_{mf} \cdot g \tag{1-6-6}$$

当流量再增加时，气速超过某一值，固体颗粒随着气体被带出流化床，这时床内压差也随之增大。

整个变化可用床层压降与气速、床层高度与气速在双对数坐标轴上绘出的曲线表示，如图 1-6-1、图 1-6-2 所示。

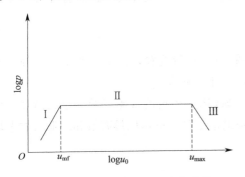

图 1-6-1　床层压降与气速变化曲线

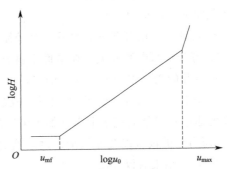

图 1-6-2　床层高度与气速变化曲线

图中线段Ⅰ为 $\Delta p=\Delta p_1$ 时压降变化,线段Ⅱ为 $\Delta p=\Delta p_2$ 时压降变化,线段Ⅲ为颗粒被带出流化床压降变化。

流化床的膨胀比为流化时床层高度与静床高度之比,即

$$R=\frac{H}{H_0} \tag{1-6-7}$$

三、实验装置

本实验装置主要分为两部分,即流化床和气源。流程示意图见图1-6-3。

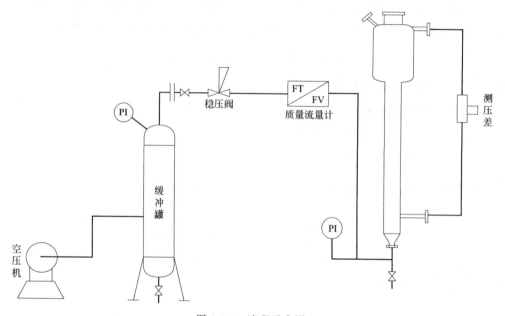

图1-6-3 流程示意图

本实验装置中,采用空气作气源,反应段内径30mm,反应段装40～120目球形硅胶催化剂。

四、实验步骤

1. 打开气固流态化装置的总开关,依次打开压差开关、质流开关,最后打开气固流态化装置的进气截止阀。
2. 打开气泵电源开关,打开气泵控制阀开关。
3. 打开电脑电源开关,在桌面上打开流化性能测定实验装置,点击实时采集、开始实验,在点开的表格中输入设计好的流量值,最后点击开始试验。
4. 开始实验后(之后每30s读取一次),记录每次床层出现的现象以及床层的高度,床层高度通过直尺量取记录下来(如果床层高度不是很稳定时,可以取最高值和最低值的平均值),压力计的读数以及通气量通过电脑读取。
5. 实验结束后保存实验数据。
6. 关闭电脑,依次关闭气泵控制阀开关、气泵电源开关、压差开关、质流开关,最后关闭气固流态化装置的总开关。

五、实验数据记录

表 1-6-1　实验数据记录样表

序号	空气流量 /(L/min)	压差 /Pa	空床流速 /(m/s)	床层高度 /mm	现象
1					
2					
3					
4					
5					
6					
7					
8					
9					
10					
11					
12					
13					
14					
15					

六、实验数据处理

将测得的数据用双对数坐标轴绘出床层压降和床层高度变化曲线，计算膨胀比，计算各临界流化速度并与计算值进行对比，分析各段压值差变化并说明问题。

七、思考题

1. 流化床反应器的特点是什么？试简述其优缺点。
2. 流体通过颗粒床层流动特性的测量方法有哪些？

拓 / 展 / 阅 / 读

流化床反应器是指气体在由固体物料或催化剂构成的沸腾床层内进行化学反应的设备，又称"沸腾床反应器"。气体在一定的流速范围内，将堆成一定厚度（床层）的催化剂或物料的固体细粒强烈搅动，使之像沸腾的液体一样并具有液体的一些特性，如对器壁有流体压力的作用、能溢流和具有黏度等，此种操作状况称为"流化床"。

清华大学的金涌院士研究了气固湍动流态化流型转变，提出了流型转变的机理模型和定量判据，发明了湍动流化床新型复合内构件，改善了流化质量，解决了工程放大的难题，成功地用于指导六种工艺、三十余台大型工业流化床反应器的改造或设计。所研究的气固循环流化床、气固超短接触催化反应器、移动床重整反应器、大型节能干燥装置等已成功地应用于工业过程，在清洁化工工艺与工程、产品工程、亚微米与纳米粉体技术研究与应用方面也取得了重大突破。

实验 7　螺旋通道型旋转床（RBHC）流体力学特性测定

一、实验目的

1. 了解利用离心力场作用强化传质的原理和旋转床的特点。
2. 测定 RBHC 的转速-气速与液量的关系。
3. 了解 RBHC 旋转床的流程及操作；了解和理解 RBHC 旋转床气液传质-反应过程的原理和特点。

二、实验原理

由于离心力场的离心加速度远远大于重力加速度，因此可以利用离心力场的作用极大地强化传质过程和传质-反应过程，利用这种超重力场作用的技术又称为超重力技术。

旋转填充床（rotating packed beds，RPB）是 20 世纪 70 年代末 80 年代初提出的新型强化传质设备，起初这种装置又称为 Higee 装置。它是利用旋转产生的强大的离心力来强化传质-反应过程，具有传质系数大（传质系数可以达到传统传质装置的 2～3 个数量级）、生产能力大、停留时间短的优点。自 Higee 装置诞生以来，此类超重力装置已被广泛应用于吸收、解吸等过程。近年来，这种超重力装置（旋转填充床，RPB）又作为反应器被应用于反应沉淀过程制备超细或纳米粉体材料。我国现已在国际上率先研究开发出超重力法制备纳米碳酸钙的技术，并建成了首条 3000t/a 超重力反应沉淀法合成纳米碳酸钙粉体的工业示范生产线。因此，超重力技术将对 21 世纪的化学工业等过程工业产生重要影响。

其基本原理：由于旋转转速的增加，离心力随之增大，所以 a/g 值也随之加大。

转速 ω 增大，离心加速度 a 增大，a/g 比值增大，即超重力水平增大；

转速 ω 增大，由于 $k_L \propto \omega$，所以传质系数 k_L 增大，从而强化传质过程。对于气液反应过程，特别是反应速度快的气液反应过程具有特别明显的强化作用。

螺旋通道型旋转床（rotating bed with helix channels，RBHC）是湘潭大学化工系 20 世纪 80 年代中期研究开发出的一类新型的强化传质和传质-反应的设备，具有螺旋线形的通道，不装填填料，不会不易堵塞的优点。与 RPB 旋转床比较，RBHC 超重力反应沉淀法制备纳米材料具有不会不易堵塞等更加明显的优势。该校已经用螺旋通道型旋转床研究开发出了制备纳米碳酸钙、纳米碳酸锶、纳米碳酸钡等的技术。以此为技术平台，还可以研究开发出一系列的超重力技术、超重力反应技术和新型的超重力反应器装置。

三、实验装置

溶液自高位槽经过离心泵进入转鼓中间，由于离心力的作用，溶液自内向外通过具有螺旋通道的旋转转子流出，CO_2 气体自钢瓶经缓冲罐进入转鼓内，自外缘向内作强制流动，在螺旋通道内与液体进行逆流接触，最后由转子中间通道排出（图 1-7-1）。

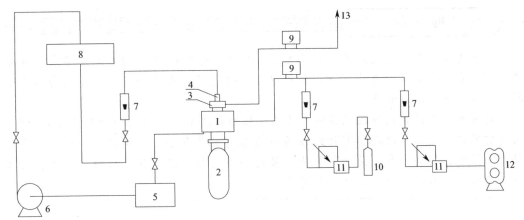

图 1-7-1　实验装置图

1—螺旋通道型旋转床；2—调速电机；3—气水分离器；4—喷射式进水管；
5—水槽；6—离心泵；7—转子流量计；8—高位液槽；9—二氧化碳浓度测量仪；
10—二氧化碳钢瓶；11—缓冲罐；12—风机；13—排气口

四、实验步骤

1. 熟悉实验装置及流程，了解各部分的作用。
2. 检查气路系统，开风机之前检查罗茨风机旁路阀门是否开启，以免风机过载；检查转子流量计阀门是否关闭，以免风机开动转子突然高速上升将流量计玻璃面打坏。
3. 首先测定不同气速下的压差变化（液体流量、转速恒定）。
4. 测定不同转速下的压差变化（气速、液体流量不变）。
5. 实验结束后，先关泵，后关气，防止设备和管道内进水。

五、实验数据记录

表 1-7-1　实验原始数据记录样表

序号	液体流量 /(m³/h)	空气流量 /(m³/h)	压差 /mmH₂O	转速 /(r/min)	气量/(m³/h)		备注
					CO_2	SO_2	

六、实验数据处理

1. 根据实验记录数据，在对数坐标纸上画出 $\Delta p\text{-}V$ 或 $\Delta p\text{-}\omega$ 的关系曲线；
2. 描述和讨论实验中观察到的各种现象，如液泛等。

七、思考题

1. 螺旋通道型旋转床（RBHC）有何特点？
2. 对装置有何改进意见？

> **拓 / 展 / 阅 / 读**
>
> 超重力反应器是通过高速旋转产生的离心力（重力的 1000 倍）来加速反应或分离过程。在强大的离心力作用下，物料混合、传递得到有力加强，从而显著加快受物料混合、传递限制的反应。
>
> 超重力技术是强化多相流传递及反应过程的新技术，在国内外受到广泛的重视，由于它的广泛适用性以及具有传统设备所不具有的体积小、重量轻、能耗低、易运转、易维修、安全可靠、灵活等优点，使得超重力技术在环保、材料、生物、化工等工业领域中有广阔的商业化应用前景。

实验 8　连续流动液相体系单釜与多釜串联停留时间分布测定

一、实验目的

1. 掌握脉冲示踪法测定连续流动液相体系单釜与串联釜停留时间分布的实验原理及方法。
2. 掌握停留时间分布实验曲线的处理方法，并求出停留时间分布密度函数 $E(t)$，分布函数 $F(t)$ 及其特征值平均停留时间 $\bar{t}$，方差 δ_t^2 和无因次方差 δ_θ^2。
3. 进一步明确返混的概念以及返混的量化。

二、实验原理

与实验 2 一样，本实验也采用脉冲法测定停留分布密度函数。示踪剂采用 KCl 饱和水溶液，在反应器入口处瞬间注入一定量的示踪剂，在反应器出口通过电导率测定仪测定离子浓度，以记录仪输出曲线显示峰高，即峰高正比于电导率，电导率又正比于离子浓度。因此，记录仪记录纸上峰高的变化即反映了示踪剂中 K^+、Cl^- 浓度的变化。

实验可得到如图 1-8-1、图 1-8-2 的记录曲线。

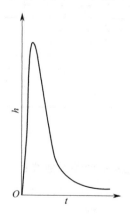
图 1-8-1　单釜记录曲线

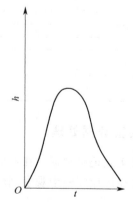
图 1-8-2　双釜记录曲线

由图 1-8-1 和图 1-8-2 所示的脉冲示踪曲线，即可以求出流动条件下单釜与串联釜停留时间分布密度函数 $E(t)$ 和分布函数 $F(t)$，平均停留时间 $\bar{t}$，方差 δ_t^2 以及无因次方差 δ_θ^2。

三、实验装置

本实验的反应器为有机玻璃釜,釜内搅拌方式为叶轮搅拌,主物流(自来水)通过调节阀进入釜顶,示踪剂从示踪剂入口瞬时注入。实验流程如图1-8-3所示。

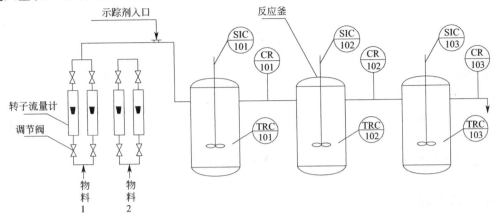

图 1-8-3　三釜串连实验装置及流程图

SIC—转速调节控制；TRC—温度调节控制；CR—电导测量记录

四、实验步骤

1. 配制一定浓度的 KCl 水溶液。
2. 接通自来水,调至一定的流量并稳定片刻,开动电动搅拌。
3. 用注射器抽取一定量的示踪剂。
4. 开动电导仪、记录仪。
5. 将注射器插入反应器进样口,瞬间快速注入示踪剂。
6. 待记录仪指针回到基线,停止走纸,改变水流速度继续实验。
7. 改变釜数,重新进行实验。

五、实验数据记录

表 1-8-1　实验数据记录样表

实验次序	水流速度 (转子流量计刻度)	搅拌速率 /(r/min)	示踪剂量 /mL	峰区时间 /s
1				
2				
3				

六、实验数据处理

1. 在图1-8-1和图1-8-2所示记录曲线上等时间间隔(Δt)取 n 个点(15~20个),得到几组数据 t_i-h_i ($i=1,2,\cdots\cdots,n$)。

2. 计算公式。

平均停留时间 $\bar{t}$
$$\bar{t} = \frac{\int_0^\infty tE(t)\mathrm{d}t}{\int_0^\infty E(t)\mathrm{d}t} = \frac{\sum_{i=1}^n t_i h_i}{\sum_{i=1}^n h_i} \tag{1-8-1}$$

方差 δ_t^2

$$\delta_t^2 = \frac{\int_0^\infty (t-\bar{t})E(t)\mathrm{d}t}{\int_0^\infty E(t)\mathrm{d}t}$$

$$= \frac{\int_0^\infty t^2 E(t)\mathrm{d}t}{\int_0^\infty E(t)\mathrm{d}t} - \bar{t}^2 = \frac{\sum t_i^2 h_i}{\sum h_i} - \bar{t}^2 \tag{1-8-2}$$

无因次方差 δ_θ^2

$$\delta_\theta^2 = \frac{\delta_t^2}{\tau_c^2} \tag{1-8-3}$$

单釜停留时间

$$\tau_c = \frac{V_R}{V_0} \tag{1-8-4}$$

多釜串联模型参数

$$N = \frac{1}{\delta_\theta^2} \tag{1-8-5}$$

七、思考题

1. 流体通过反应器的停留时间分布由哪些因素决定？
2. 本次实验中，示踪剂浓度的配制及抽取量对停留时间分布曲线测定有何影响？
3. 预计单釜及多釜实验的无因次方差 δ_θ^2 约为多少？
4. 空时和平均停留时间有何关系？
5. 本次实验中，若是关掉电动搅拌，而其他条件不变，则所测得的停留时间分布曲线又将怎样，为什么？
6. 由多釜串联模型参数 N，说明计算值 N 与具体釜数 n 的差别原因是什么，如何改进？

八、主要符号说明

t—时间，s；
$\bar{t}$—平均停留时间，s；
δ_t^2—方差；
δ_θ^2—无因次方差；
N—多釜串联模型参数；
τ_c—单釜停留时间，s。

$E(t)$—停留时间分布密度函数；
H_i—峰高，mm；
V_R—单釜反应器体积，m³；
V_0—体积流量，m³/h；
n—实际釜数；

拓 / 展 / 阅 / 读

当前，中国已成为大宗化学品的重要生产大国，但部分生产技术需从跨国公司引进，高附加值的化学产品生产技术仍有待提高。面对这些变化，作为与化学品工业生产最为密切的化学反应工程学科，有必要从单纯注重过程研究拓展到以产品结构和性能为核心，兼顾过程工程的产品工程领域，跟上新材料、医药、生物、电子、通信等领域的飞速发展的步伐，引领化学工程学科进一步发展，同时促进中国化学工业的发展。

第二章 化工热力学实验

实验 9 二元溶液过量摩尔体积测量

一、实验目的

1. 掌握实验测定过量体积的方法。
2. 用实验数据做 V_M^E-x 曲线,加深对溶液过量热力学性质和偏摩尔性质的理解。

二、实验原理

两种以上的纯流体混合,若形成的是理想溶液,则混合物的摩尔体积 V_M^{id} 为

$$V_M^{id} = \sum(x_i V_i) \tag{2-9-1}$$

然而,形成的是真实溶液时,混合物的摩尔体积 V_M 为

$$V_M = \sum(x_i V_i) \tag{2-9-2}$$

真实溶液与理想溶液的摩尔体积之差就称为该溶液的过量摩尔体积 V_M^E,

$$V_M^E = V_M - V_M^{id} \tag{2-9-3}$$

三、实验装置与试剂

装置:倾斜式稀释膨胀计 1 台,其结构见图 2-9-1;有机玻璃缸恒温水浴 1 套;精密温度计(1/10 ℃),注射器等。

试剂:化学纯的苯(稀释液)、环己烷(稀释液);经净化处理的水银。

四、实验步骤

1. 打开仪器板上的总电源、恒温水浴加热器、电子继电器及搅拌马达电源开关。用调压变压器控制加热速度。调节导电表,以电子继电器控制水浴温度于 25±0.05℃ 以内,用

1/10 分度水银温度计测温。

2. 将洗净烘干的稀释膨胀计固定到有机玻璃框架上，然后把框架插入水浴的固定槽板上部。

3. 把清洁水银装入水银加料漏斗中，将漏斗下端的尼龙导管插入膨胀计的 A 室底部，然后打开漏斗，使水银徐徐充满 A 管，拔出导管。（该操作务必十分仔细，防止水银从毛细管冲入 BB 球）。

4. 恒温数分钟后，将 T_1 阀慢慢旋紧。仔细观察阀芯顶是否刚好与水银面相接。如阀底部有空隙或气泡，则需旋开 T_1 阀补充水银或赶走气泡后，再旋转 T_1 阀。

5. 测量毛细管中水银面高度 h_0^0、h_{01}^0、h_{02}^0。

6. 用注射器将苯（稀释液）从 T_2 阀注入 B 管，加到液面刚好浸没毛细管 C_2 为止，苯的体积大约为 10mL。

7. 旋松 T_2 阀芯，把框架拉到固定槽板上端，把框架上的短螺钉滑出槽板，让长螺钉留在固定槽内，然后把框架逆时针缓慢倾斜，使 A 室水银通过毛细管转入 BB 球。当水银充满 BB 球或略超过"0"刻度线时，将框架扶直，并将短螺钉插回槽内固定。

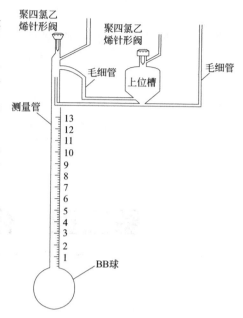

图 2-9-1 倾斜式稀释膨胀计示意图

8. 用注射器将稀释液加满 A 室（在水银上的上部）。

9. 将仪器浸入水浴内，恒温数分钟后，将 T_1、T_2 阀分别慢慢旋紧，仔细观察确保膨胀计内没有水泡空间。

10. 测量 B 管中水银体积 $V_{BB}+V_B'$，毛细管中水银高度 h_0'、h_{01}'、h_{02}'，装料完毕。

11. 稀释开始，将框架拉到固定槽板上端，滑出短螺针，将框架缓慢地逆时针倾斜，使 A 室中水银从毛细管 C_1 中转入 B 管（转入量由所希望的实验点分布要求而定，一般每次约 1mL），用手摇动框架，使 A 室上部液体完全混合。将框架推回水浴，恒温后分别测量 B 管中水银体积 V_B，毛细管中水银高度 h_0、h_{01}、h_{02}。

12. 重复步骤 11，8～10 次。

13. 实验完毕，切断电源，把膨胀计中的试液用注射器抽出装入回收瓶，水银倒回盛好（切勿将水银洒在瓶外）。从框架上取下膨胀计，洗净膨胀计、注射器等，放烘箱内烘干。做好实验台、地面的整洁工作。

五、实验数据记录

实验日期_____

室温_____℃；　　　　　　大气压_____Pa；

物系_____；　　　　　　　恒温水恒定温度_____℃；

V_{BB}_____ cm³（BB 球的容积）；

V_B_____ cm³；

毛细管内径 d_1_____, d_2_____, d_3_____（mm）；

h_0^0_____, h_{01}^0_____, h_{02}^0_____, h_0_____,

h_{01}_____, h_{02}_____。

表 2-9-1　实验数据记录样表

序号	V'_B	V'_{01}	h'_{01}	h'_{02}	h'_0
0					
1					
2					
...					

六、实验数据处理

1. 计算公式。

(1) 被稀释液的摩尔数 n_1

$$n_1 = [V_{BB} + V_B + (h_{01} - h^0_{01})A_1 + (h_{02} - h^0_{02})A_2 + (h_0 - h^0_0)A] \times \rho_1 / M_1 \quad (2\text{-}9\text{-}4)$$

(2) 每次稀释液的摩尔数 n_2

$$n_2 = [V_B - V'_B + (h_{01} - h'_{01})A_1 + (h_{02} - h'_{02})A_2] \times \rho_2 / M_2 \quad (2\text{-}9\text{-}5)$$

(3) 每次混合物的摩尔分数 x

$$x_1 = \frac{n_1}{n_1 + n_2} \quad (2\text{-}9\text{-}6)$$

(4) 相应每次混合的过量摩尔体积 V^E_M

$$V^E_M = \frac{(h'_0 - h_0) \cdot a}{n_1 + n_2} \quad (2\text{-}9\text{-}7)$$

式中　A_1、A_2、A 为毛细管 C_1、C_2、C 的截面积。

2. 做 V^E_M-x 曲线，并与文献值比较。

七、思考题

1. 被稀释液苯的体积是如何计量的？
2. 每次所用的稀释液环己烷的体积是如何计量的？
3. 两个组元是在仪器的哪个部分混合的，混合后的体积是如何计量的？

八、附录

表 2-9-2　实验所用各物质的物性参数

组元	名称	摩尔质量(g/mol)	ρ(密度)(g/mL)	
			20℃	25℃
组元1	苯	78.11	0.879	0.874
组元2	环己烷	84.16	0.779	0.774
	汞		12.455	12.534

表 2-9-3　25℃下环己烷-苯二元溶液的 V^E_M-x 文献值

x	0.0815	0.2148	0.3571	0.4676	0.5246	0.6136	0.7369	0.8413	0.9128
V^E_M /(cm³/mol)	0.1914	0.4311	0.5918	0.6455	0.6492	0.6208	0.5162	0.3594	0.2164

> **拓 / 展 / 阅 / 读**
>
> 常压下液体混合物的过量体积，是研究溶质-溶剂间相互作用的重要热力学依据。液体混合物的摩尔过量体积的测量和研究具有重要的理论和实际工业应用的意义，可用于检验和发展现有的溶液理论；通过 V_M^E 可实现热力学参数由恒压过程向恒容过程的转化；可确定第二交叉维里系数；可为化工生产和设计提供必要的化工数据。因而，液体混合物摩尔过量体积的测量和研究一直受到化学和化工界的重视。

实验10 气相色谱法测定无限稀释活度系数

一、实验目的

1. 掌握用气相色谱法测定无限稀释活度系数的原理和方法。
2. 了解实验的气路流程和色谱仪的操作方法。
3. 掌握皂膜流量计测气体流速的方法以及体积流量的校正。

二、实验原理

无限稀释活度系数是推算二元及多元体系汽液平衡数据的重要参数。它通常是用汽液平衡器测出其平衡组成，然后用计算做图法外推得出。这种方法比较繁琐，而且外推的任意性很大，不准确。本实验采用气相色谱法测定无限稀释活度系数，此方法简单方便、快速，使用样品量少，纯度要求不高。

在气相色谱分离过程中，固定液起到溶剂的作用。当样品组分（溶质）进入色谱柱后，因载气（流动相）流动，样品组分在固定相和载气中反复多次分配，达到完全分离。载气流携带不同组分先后进入检测器，产生一定的信号，经色谱工作站处理得到如图 2-10-1 所示的色谱图。

在实验仪器和条件确定之后，$t_a - t_0$ 可视为确定值，与试样组分几乎无关。保留值的大小，反映了样品在气液两相间的分配过程，它与平衡时物质在两相的分配系数，各物质（包括组分、固定相、流动相）的分子结构和性质有关。但是只有调整保留值才是完全与空气无关，只与组分有关的物理量。

从开始进样到样品峰顶，正好有一半溶质成为蒸汽通过色谱柱，另一半还留在柱中，留柱部分分布于固定液和柱内空隙（即死体积）之内。这三部分溶质的关系如下

$$V_S C_i^g = V_a C_i^g + V_L C_i^L \tag{2-10-1}$$

式中　V_S——柱子工作条件下的保留体积；
　　　C_i^g——气相中溶质浓度；
　　　C_i^L——液相中溶质浓度。

因溶质在气液两相中的分配系数

$$k = \frac{C_i^L}{C_i^g} \tag{2-10-2}$$

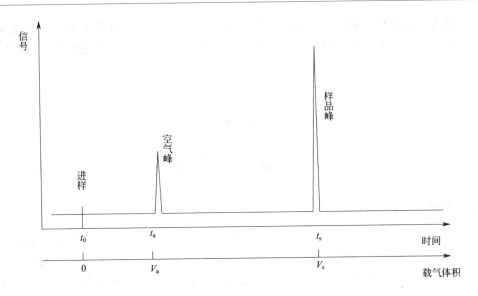

图 2-10-1 色谱图

t_0—进样时间；t_a—出峰空气峰时间；t_s—出峰样品峰时间；t_a-t_0—死时间；t_s-t_0—表观保留时间；t_s-t_a—调整保留时间；V_a—死体积；V_s—表观保留体积

所以有
$$k = \frac{V_s - V_a}{V_L} \tag{2-10-3}$$

又因为 $C_i^L = \frac{n_i^L}{V_L} = \frac{X_i n^L}{V_L}$，$C_i^g = \frac{n_i^g}{V_a} = \frac{Y_i n^g}{V_a}$，且气相可看作理想气体，所以有

$$k = \frac{C_i^L}{C_i^g} = \frac{X_i}{Y_i} \cdot \frac{n_L}{n_g} \cdot \frac{V_a}{V_L} \tag{2-10-4}$$

整理得
$$\frac{Y_i}{X_i} = \frac{1}{k} \cdot \frac{n_L}{V_L} \cdot \frac{V_a}{n_g} = \frac{1}{k} \cdot \frac{n_L}{V_L} \cdot \frac{RT_C}{p} \tag{2-10-5}$$

在该柱温 T_C，总压 p 条件下，因气相可看作理想气体，溶质在两相中的平衡必定满足于式(2-10-6)

$$pY_i = p_i^0 \cdot X_i \gamma_i \tag{2-10-6}$$

将式(2-10-3)、式(2-10-5)带入式(2-10-6)，整理得 γ_i-(V_s-V_a) 的关系式如下

$$\gamma_i = \frac{RT_C}{\underbrace{(V_s - V_a)}_{n_L}} \cdot \frac{1}{p_i^0} \tag{2-10-7}$$

因溶质在液相中浓度为无限稀释，即 $n_i^g \to 0$，所以

$$\gamma_i \to \gamma_i^\infty$$
$$n_L = \frac{W}{M} \tag{2-10-8}$$

式中 W——固定液重量；
M——固定液分子量。

因此
$$\gamma_i^\infty = \frac{RT_C}{V_s - V_a} \cdot \frac{W}{M} \cdot \frac{1}{p_i^0} \tag{2-10-9}$$

至此建立了调整保留体积 $(V_s - V_a)$ 与无限稀释活度系数 γ_i^∞ 的关系式。

为了使各实验测得之值能有可比性，还须将 (V_s-V_a) 值换算成相对于单位重量固定液（溶剂相）而言，温度由柱温 T_C 校正到 0℃ 时的体积流速，称其为净比保留体积 V_g，即

$$V_g = \frac{273.15}{T_C} \cdot \frac{V_S - V_a}{W} \tag{2-10-10}$$

再考虑 $R = 62400 \text{mmHg} \cdot \text{ml/(mol} \cdot \text{K)}$，整理得

$$\gamma_i^\infty = \frac{R \times 273.15}{V_g \cdot M \cdot p_i^0} = \frac{1.704 \times 10^7}{V_g \cdot M \cdot p_i^0} \tag{2-10-11}$$

三、实验装置

福立 9790 气相色谱仪的整机如图 2-10-2 所示。气相气谱是以惰性气体作为流动相，利用试样中各组分在色谱柱中气相和固定相间的分配系数不同，当汽化后的试样被载气带入色谱柱中运行时，组分就在其中的两相间进行反复多次的分配（吸附-脱附-放出），由于固定相对各种组分的吸附能力不同（即保存作用不同），因此各组分在色谱柱中的运行速度就不同，经过一定的柱长后，便彼此分离，顺序离开色谱柱进入检测器，产生的离子流信号经放大后，在记录器上描绘出各组分的色谱峰。

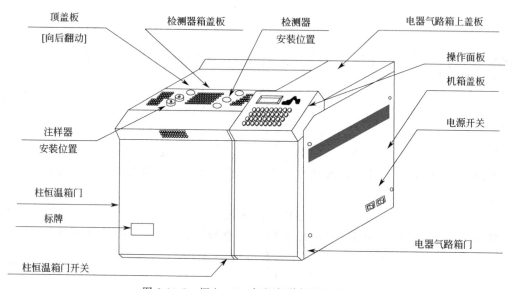

图 2-10-2 福立 9790 气相色谱仪整机示意图

四、实验步骤

1. 打开电脑，打开氮气罐，当载气仪表有示数时（可等待 2～3min），打开气相电源开关（绿色按钮）。

2. 打开电脑，双击打开福立 9790 软件，运行烧柱程序，大概 30min 后将自己的文件设置为当前项目。

3. 打开空气和氢气罐，将气相仪表盘的氢气和空气流量调为 0.1MPa，点火（点火成功判断：①气相基线迅速上升再回落且回落位置高于起点；②将玻璃放在检测器口有水雾），待基线跑平，气相显示准备好时进样。

4. 进样前,将进样针用溶剂洗 20 次,再用待测样洗 20 次,取 0.4μL 样品进样。
5. 快速将样品从进样口注入,按 start 开始测样。
6. 测样结束按下停止按钮,待显示准备好时进下一个样品,步骤与 4、5 相同。
7. 结束测样后,关闭氢气和空气,设置烧柱程序 30min,再设置关机项目,待所有温度降至 70℃ 以下时,可以关闭气相阀门,关电脑,关氮气阀门。

五、实验数据记录

实验日期:_____

色谱柱中固定液重量 W = _____ g;电流 I = _____ mA

色谱图编号	调整保留时间 t_R /s		柱温 T_C /℃	柱前压力 p_i /mmHg	皂膜流量计测得 t /(s/50mL)	室温 T_0 /℃	大气压 p_0 /mmHg	电流 /mA	备注
	苯	环己烷							
1									
2									
3									
4									
...									

六、实验数据处理

在柱温 T_C、柱内工作压力 p_C 与条件下柱内载气流速的计算。

由皂膜流量计测得的是气体流过 50mL 所需时间 t(min),所以

$$F_0 = (50/t) \times 60 \, (\text{mL/min}) \tag{2-10-12}$$

该气体的状态是室温 T_0(K),大气压力 p_0(mmHg)。考虑到从皂膜流量计出来的气体已被蒸汽饱和,故载气所占的分压仅为 $1-(p_w/p_0)$,p_w 为 T_0 时水的饱和蒸气压,可由表 2-10-2 查出。

载气流经色谱柱有压力降,即沿柱长各点压力不同,柱入口压力为 p_i,出口压力为 p_0。可用平均压力 p_C 代表柱的工作压力,可用下式计算得出

$$p_C = \frac{1}{J} \cdot p_0 \tag{2-10-13}$$

式中 J 为校正因子,当 $p_i/p_0 > 1.263$ 时

$$J = \frac{3}{2} \cdot \frac{\left(\dfrac{p_i}{p_0}\right)^2 - 1}{\left(\dfrac{p_i}{p_0}\right)^3 - 1} \tag{2-10-14}$$

所以

$$F_C = F_0 \cdot J \cdot \left(1 - \frac{p_w}{p_0}\right) \frac{T_C}{T_0} \tag{2-10-15}$$

净比保留体积 V_g 的计算

$$V_g = \frac{F_C \cdot (t_s - t_a)}{W} \cdot \frac{273.15}{T_C} \tag{2-10-16}$$

无限稀释活度系数

$$\gamma_i^\infty = \frac{1.704 \times 10^7}{V_g \cdot M \cdot p_i^0} \qquad (2\text{-}10\text{-}17)$$

计算值与文献值的相对误差。

七、思考题

1. 在使用色谱仪时需要注意哪些问题？
2. 色谱仪测定 γ_i^∞ 有何特点？测定中作了哪些假定？
3. 温度、压力、流量对测定 γ_i^∞ 值有什么影响？造成实验误差的主要因素是什么？

八、注意事项

1. 实验室内严禁明火，以免发生危险。
2. 色谱仪是贵重仪器，使用时要特别小心。在使用前，要求熟悉有关色谱仪的基本知识和操作方法。实验中出现问题，应及时向指导老师反映，不得自行处理。
3. 要求熟悉稳压阀及皂膜流量计使用方法。
4. 实验过程要尽量保持实验条件稳定。

九、附录

1. 试剂的主要性质

表 2-10-1　试剂主要性质及参数

试剂	摩尔质量/(g/mol)	沸点/℃	安托万常数 A	B	C
苯	78.11	80.09	6.912	1214.645	221.205
环己烷	84.16	80.72	6.845	1203.526	222.563

邻苯二甲酸二壬酯的摩尔质量为 418.62g/mol。

对应安托万方程为 $\lg p_i^0 = A - \dfrac{B}{C+t}$，其中 t 的单位为℃，计算结果压力单位为 mmHg。

2. γ_i^∞ 的文献值

60℃时苯的无限稀释活度系数文献值为 0.523。

60℃时环己烷的无限稀释活度系数文献值为 0.843。

3. 3~20℃时水的饱和蒸气压力（mmHg）

表 2-10-2　水的饱和蒸气压力

温度/℃	0.0	0.2	0.4	0.6	0.8
3	5.685	5.776	5.848	5.931	6.015
4	6.101	6.187	6.274	6.363	6.453
5	6.543	6.635	6.728	6.822	6.917
6	7.013	7.111	7.203	7.309	7.411
7	7.513	7.617	7.722	7.828	7.936
8	8.045	8.155	8.267	8.380	8.494

续表

温度/℃	0.0	0.2	0.4	0.6	0.8
9	9.609	9.727	8.845	8.965	9.086
10	9.209	9.333	9.458	9.585	9.714
11	9.844	9.876	10.109	10.244	10.380
12	10.518	10.605	10.799	10.941	11.085
13	11.231	11.379	11.528	11.680	11.833
14	11.987	12.144	12.302	12.462	12.624
15	12.788	12.963	13.121	13.290	13.461
16	13.634	13.809	13.987	14.166	14.347
17	14.530	14.715	14.903	15.092	15.284
18	15.477	15.673	15.871	16.071	16.272
19	16.477	16.685	16.894	17.105	17.319
20	17.535	17.753	17.974	18.197	18.422

拓/展/阅/读

气相色谱法是以气体为流动相的色谱分析方法，主要用于分离分析易挥发的物质。气相色谱法已成为极为重要的分离分析方法之一，在医药卫生、石油化工、环境监测、生物化学等领域得到广泛的应用。气相色谱仪具有：灵敏度、效能、高选择性、分析速度快、所需试样量少、应用范围广等优点。气相色谱仪，将分析样品在进样口中气化后，由载气带入色谱柱，通过对被检测混合物中组分有不同保留性能的色谱柱，使各组分分离，依次导入检测器，以得到各组分的检测信号。按照导入检测器的先后次序，经过对比，可以区别出是什么组分，根据峰高度或峰面积可以计算出各组分含量。通常采用的检测器有：热导检测器、火焰离子化检测器、氩离子化检测器、超声波检测器、光离子化检测器、电子捕获检测器、火焰光度检测器、电化学检测器、质谱检测器等。

实验 11　恒（常）压下汽液平衡测定

一、实验目的

1. 掌握循环法测定二元系统常压下汽液平衡数据的原理和方法。
2. 掌握阿贝折光仪的使用以及温度计的露茎校正。
3. 掌握最小二乘法求范拉尔方程的系数的方法。
4. 掌握热力学一致性检验实验结果可靠性的方法。

二、实验原理

汽液平衡数据是指平衡体系的总压 p、温度 T、液相组成 x_i 和汽相组成 y_i 的数值。实验测定时,同时测定 p、T、x_i、y_i 4 个参数的方法称为直接法。蒸馏法、循环法、静态法和流动法等属于直接法。

汽液平衡数据可以分为恒压数据和恒温数据。本实验用循环法测定恒压(常压)下的汽液平衡数据。实验所用的循环釜有多种形式,其结构虽有差异,但基本原理相同,如图 2-11-1 所示。

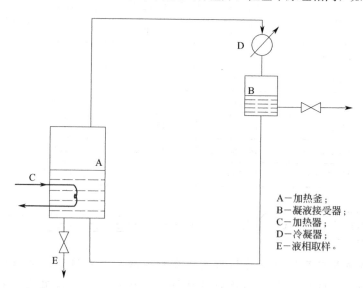

A—加热釜;
B—凝液接受器;
C—加热器;
D—冷凝器;
E—液相取样。

图 2-11-1　循环釜示意图

物料在加热釜 A 内加热沸腾,产生蒸汽进入冷凝器 D 全冷凝,冷凝液进入接受器 B 后又返回到 A,如此反复循环。当循环达到稳定状态时,A 和 B 容器中的溶液的组成不再随时间而改变(此时由 A 蒸出的汽相组成与返回 A 的冷凝液的组成完全相等)。测定此时体系的压力 p、釜温 T、液相组成 x_i 及汽相组成 y_i,即得一组汽液平衡数据。

改变蒸馏器 A 中物料的组成,在同样压力下测定相应的 T-x_i-y_i 数据,取得另一组恒压下的汽液平衡数据。

三、实验装置与试剂

实验装置选用改进了的 Rose 釜一套,结构见图 2-11-2。它是一种汽液双循环式的平衡釜。

待测物料在沸腾器 1 由加热丝 2 加热沸腾。汽液混合物通过汽液提升管 6(又称气升管)喷到温度计套管 9 后,被汽液分离器分离,其中液相进入液相受槽 3,汽相通过蒸汽自护夹套 8 进入冷凝管 10 冷凝,冷凝液进入冷凝液受槽 11,液相受槽 3 及冷凝液受槽 11 中的液体分别经导管流入混合器 13 后再流入沸腾器 1 进入循环。

汽液提升管的作用除造成位差,使液相能循环外,还可使汽液两相充分接触,有利于相间平衡。

汽室 5 设置的目的是减少液相容量,当温度升高时,汽室内的气体膨胀,气体占据了液相受槽部分空间,因此可减少待测物的用量。

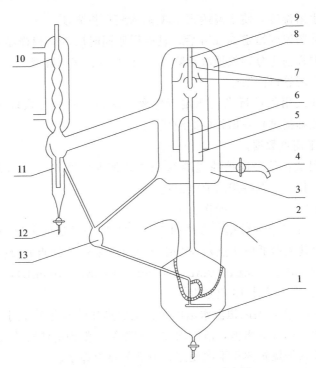

图 2-11-2 改进了的 Rose 釜示意图

1—沸腾器；2—内加热丝；3—液相受槽；4—液相取样口；5—汽室；6—汽液提升管；7—汽液分离器；8—蒸汽自护夹套；9—温度计套管；10—汽相冷凝管；11—冷凝液受槽；12—汽相取样口；13—混合器

温度计套管 9 内插入精密水银温度计测定汽液平衡温度，将另一支温度计作辅助温度计贴近精密温度计，测定环境温度，以做温度计露茎校正。

蒸汽自护夹套 8 外套有一个直径略大的玻璃管，外绕一根电热丝进行保温，玻璃管内插有一根温度计来观察保温层温度。

加热釜内有一根 300W 的电热丝用以加热沸腾物料。加热丝以外按调压变压器进行调节。

阿贝折光仪作为汽液相组分的分析。

其他还有气压计、精密玻璃水银温度计（50~100℃、1/10 ℃精度）、玻璃温度计、恒温水浴、量筒（100mL）、取样瓶（5mL）和吸管若干、烧杯（200mL）若干。

试剂为化学纯正丙醇、蒸馏水。

四、实验步骤

1. 测定第一个平衡点的数据。

（1）加料：将待测的正丙醇-水溶液从汽相冷凝管口内加入，加料量以实际设备为准，控制正丙醇溶液相摩尔分数在 0.9~0.95 之间。即要保证液相样有足够量，又要避免釜液混合器返至汽相样受槽。

（2）加热：先将冷凝器冷却水通入，然后通加热釜电源，调节调压器缓慢升温至釜液沸腾。电压调节从 50V 开始，按 5V/min 速度逐渐增大（不超过 100V）。

（3）观察、调节、记录：观察釜内沸腾情况，调节加热电压使冷凝器滴液速度为 80 滴/min 左右，并调节保温电压，使玻璃管内保温层温度与沸腾温度相近似。每隔 5min 记录一次沸腾温度、环境温度。记录大气压力。

(4) 调节恒温水浴温度，使水温达到35℃通入阿贝折光仪。

(5) 取样：当沸腾温度恒定30min后，且取样瓶同时取汽液相样品各3mL左右（为了确保样品准确，在取样前先分别放掉汽相陈液3mL左右、液相陈液1mL左右在烧杯中，陈液在取样后从汽相冷凝管口倒回）。

(6) 分析：将样品用阿贝折光仪测定折射率（每一样品测2次取平均值），并由折射率——组成曲线（教师提供）查出相应的组成 x_i、y_i。

2. 测定第二个平衡点数据。

(1) 改变釜液组成：从釜底放掉釜液约1mL，加入蒸馏水5mL（或正丙醇-水溶液），放掉的量与加入的量相等，保持釜内液位恒定。

(2) 重复1项中的（3）~（6）操作。

3. 再测定第三个平衡点的数据，方法同2。[加料顺序及量依次为5mL、5mL、10mL、10mL、10mL（将要达到最低恒沸点）、30mL（将跨越最低恒沸点），跨越最低恒沸点后加料顺序及量依次为50mL、60mL、80mL、100mL、100mL、100mL），除开纯物质两组数据外还有14组平衡数据，共计16组数据]

4. 实验结束后的工作：关闭恒温水浴电源，把加热和保温电压降到0，切断电源。放出平衡釜内的所有液体，倒入下水池，清洗取样瓶和吸管。整理清洁实验台和房间。将取样瓶和吸管、量筒洗后放入干燥箱便于下次使用。最后关掉冷却水。

五、实验数据记录

1. 平衡釜操作记录

表 2-11-1　实验数据记录样表

实验日期：_____；大气压：_____mmHg（已知1mmHg=1.33×10^{-3}bar=133Pa）。

实验点序号	时间	温度/℃			冷凝液速度/(滴/min)	备注
		沸腾	环境	保温层		
1						
2						
3						
4						

2. 测定折射率及样品浓度

表 2-11-2　实验数据记录样表

实验点序号		液相样品		汽相样品	
		折射率 n^{35}	摩尔分数 x_i	折射率 n^{35}	摩尔分数 y_i
1	第1次测定 第2次测定 2次的平均值				
2	第1次测定 第2次测定 2次的平均值				
3 …	第1次测定 第2次测定 2次的平均值				

六、实验数据处理

1. 沸点温度的校正。

沸点温度由 1/10℃ 精度水银温度计读出。实验时由于没有全部浸没在被测体系中,则因露出部分与被测体系温度不同,必然存在误差,必须予以校正,这种校正称为露茎校正。

测定实际温度与读数温度的校正

$$\Delta t = k \cdot n \cdot (T - T_{环}) \tag{2-11-1}$$

$$T_{实} = T_{观} + \Delta T \tag{2-11-2}$$

式中　k——玻璃膨胀系数,$k = 0.00016$;

n——1/10 精密温度计露出在保温层外的刻度 T_0 与 $T_{观}$ 的差值;

$T_{观}$——由 1/10 精度温度计读出,为平衡时的温度;

$T_{环}$——由辅助温度计测得;

$T_{实}$——校正后的沸点温度。

2. 用 $\gamma_i = p y_i / x_i p_i^0$ 式计算出各点的活度系数 γ_i,式中 p_i^0 由安托万公式计算

$$\lg p_i^0 = A - B/(C + T),(T\text{ 的单位℃};p_i^0\text{ 的单位 mmHg})$$

A、B、C 系数值见表 2-11-3。

表 2-11-3　安托万公式参数表

	A	B	C
正丙醇	7.4572	1277.2	181.89
水	7.6682	1483.4	209.85

3. 用最小二乘法关联求出范拉尔方程方程系数 A、B。

范拉尔方程方程适宜用来表示本系统的 γ_i-x_i 关系。将范拉尔方程方程式

$$\ln \gamma_1 = \frac{A}{\left(1 + \frac{Ax_1}{Bx_2}\right)^2} \tag{2-11-3}$$

$$\ln \gamma_2 = \frac{B}{\left(1 + \frac{Bx_1}{Ax_2}\right)^2} \tag{2-11-4}$$

代入 G^E-γ_i 第一关系式,$\dfrac{G^E}{RT} = x_1 \ln \gamma_1 + x_2 \ln \gamma_2$

整理得到

$$\frac{2303 R T x_1 x_2}{G^E} = \frac{1}{A} + \left(\frac{1}{B} - \frac{1}{A}\right) x_1 \tag{2-11-5}$$

即 $RTx_1 x_2 / G^E$ 与 x_1 呈直线方程关系。将上述数据整理后,即可用最小二乘法求出直线的斜率与截距,进而求得范拉尔方程方程系数 A、B。

4. 用范拉尔方程方程和安托万方程计算常压下 x_i 由 0 变到 1 时所对应的 y_i、T_0,并作 x-y、T-x-y 和 $\ln \gamma_i$-x 图。

5. 用热力学一致性检验数据的可靠性。

做 $\ln \gamma_2 / \gamma_1$-x 图,并图解积分。

$$|I| = \left| \int_{x_0=0}^{x_1=1} \ln\frac{r_2}{r_1} dx_1 \right| \quad (\text{A、B 面积差的绝对值}) \qquad (2\text{-}11\text{-}6)$$

$$\Sigma = \left| \int_{x_0=0}^{x_1=1} \ln\frac{r_2}{r_1} dx_1 \right| \quad (\text{A、B 面积之和}) \qquad (2\text{-}11\text{-}7)$$

$$D = \frac{|I|}{\Sigma} \times 100 \qquad (2\text{-}11\text{-}8)$$

$$J = \frac{150\theta}{T_m} \qquad (2\text{-}11\text{-}9)$$

θ 为本二元体系沸点间最大温度差，T_m 为最低沸点，两数均由 T-x-y 图上读出。

6. 判断。

(1) $D < J$，则是热力学一致性；

(2) $D > J$，但 $D - J < 10$，仍有一定可靠性；

(3) $D - J > 10$，则不可靠。

七、注意事项

1. 实验室内通风良好，严禁明火。

2. 第一次通电加热升温时，切勿升温过快（即电压应逐渐增大），以避免玻璃仪器爆炸。

3. 实验前应首先检查平衡釜上各旋塞活动情况以及是否滴漏，可取下旋塞，涂上凡士林解决。

八、思考题

1. 如何从气压计上正确读出大气压，其单位是什么，实验过程中系统压力有多大的变化？

2. 实验中用了三根温度计，每根温度计的用途是什么，如何判断平衡建立的好坏？

3. 为什么在取样前要先放掉一部分样品，为什么气液相样品必须同时取样？

4. 试阐述所测数据偏差产生的原因。

拓 / 展 / 阅 / 读

化工热力学是从事化工过程的研究、开发以及设计等工作必不可少的重要理论基础，在整个化工类课程体系中起着核心作用，在工程化教育的实施过程中担负着特殊使命。利用相平衡计算给出能量利用的有效极限是化工热力学教学任务之一。吴选军通过实例介绍了 MathCAD 在相平衡计算中的应用。梁文柱等应用改进的 R-K 状态方程 VanLaar 型活度系数方程建立 H_2-N_2-CH-Ar-NH_3 五元体系的气、液相平衡数学模型，计算了该体系在不同条件的气、液相平衡常数和气液相组成。马庆兰列举了相平衡理论在石油化工、油气储藏开发及实际生产过程中的应用。陈明鸣等结合多年的经验教学对本科生学习中的共性问题提供了解决办法。

实验 12 二氧化碳的 p-T-V 关系测定

一、实验目的

1. 加深对二氧化碳的各种热力学状态：凝结、汽化、饱和状态、临界状态等概念的认识。
2. 掌握测定实际气体状态变化规律的方法和技巧。
3. 掌握活塞式压力计、恒温水浴的正确使用方法。

二、实验原理

1. 当体系温度低于临界温度 T_c 时，随着体系压力的升高，体系的相变过程为：过热气体→饱和蒸汽→汽液共存→饱和液体→过冷液体。在汽液共存时可以观察到相界面，且 CO_2 的性质如比容 v 有跃升型变化，$v_{液}$ 与 $v_{汽}$ 有明显的差值。

当体系温度逐渐升高，向 T_c 靠近时，这种跃升性质变化的差值减小。当体系温度等于 T_c 时，此差值变为零，此状态点称为临界状态。在临界点观察不到汽液共存现象，也分不清此时体系是气体还是液体。在 p-V 图上，它是饱和液体线和饱和蒸汽线的交汇点。

临界点可由临界乳光现象观察。保持临界温度 31℃不变，压力在 78 atm 附近时突然降压，玻璃管内瞬间出现圆锥状的乳白色闪光，这就是乳光现象。这是由于 CO_2 分子受重力场作用沿高度分布不均和光散射所造成的。

2. 比容 v 通常可通过式(2-12-1)求出

$$v = \frac{\Delta h \cdot A}{m} \tag{2-12-1}$$

式中　m——灌入玻璃管内 CO_2 的质量，g；

　　　A——管内截面积，cm^2；

　　　Δh——CO_2 柱高，cm。

其中

$$\Delta h = h_0 - h \tag{2-12-2}$$

式中　h——水银高，cm；

　　　h_0——承压玻璃管内空间顶端刻度，cm。

但由于 A 和 m 不易测准，本实验采用间接办法来确定比容。

对于一台已安装好的设备而言，其 A 与 m 已定，其比值不变，设其为质面比 k

$$k = \frac{m}{A} \tag{2-12-3}$$

可由已知 T、p 状态时的比容 v^*，以及此状态下在实验中测得 Δh^* 的值计算。如 100atm，20~30℃范围内的 v^* 值可由式(2-12-4)计算

$$v^* = 0.00117 + (T-20) \times 1.290 \times 10^{-5} \tag{2-12-4}$$

则

$$k = \frac{\Delta h^*}{V^*} \tag{2-12-5}$$

由质面比 k 可求得其他温度、压力条件下的比容为

$$V = \frac{\Delta h}{k} \tag{2-12-6}$$

三、实验装置

实验装置由压力台,恒温水浴和实验台本体三部分组成,本体结构见图 2-12-1。

四、实验步骤

1. 安装好实验设备,并开启实验台本体上的日光灯。

2. 使用恒温水浴,设定温度。

(1) 将水注入恒温水浴内,液面离盖 3~5cm 为止。检查并接通电路,开动电路泵,使水循环流动。

(2) 将恒温水浴温度计拨至"设定"档,旋转按钮直至仪表显示的温度与所要设定的温度一致,拨至"测量"档。

(3) 恒温水浴将视水温情况自动开关加热器,当水温未达到要设定的温度时,恒温水浴指示灯是亮的,当指示灯时亮时灭闪动时,说明温度已经达到恒定温度。

(4) 观察玻璃水套上的温度计,若其读数与恒温水浴的测量温度基本一致,则可近似地认为承压玻璃管内 CO_2 的温度处于所设定的温度。

(5) 当需要改变实验温度时,重复(2)~(4)即可。

3. 加压前的准备。

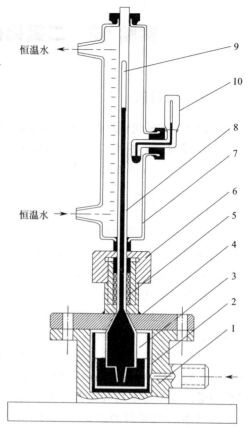

图 2-12-1 实验台本体结构示意图
1—高压容器;2—玻璃杯;3—压力油;4—水银;
5—密封填料;6—填料压盖;7—恒温水套;
8—承压玻璃管;9—CO_2 空间;10—温度计

因为压力台的油缸容量小,需要多次从油杯里抽油,再向主容器充油,才能在压力表上显示压力读数。压力台抽油、充油的操作过程非常重要,若操作失误,不但加不上压力还会损坏实验设备,所以务必认真掌握。其步骤如下:

(1) 关闭压力表及进入本体油路的两个阀门,开启压力台上油杯的进油阀。

(2) 摇退压力台上的活塞螺杆,直到螺杆全部退出,这时压力台油缸中抽满了油。

(3) 先关闭油杯阀门,然后开启压力表和进入本体油路的两个阀门。

(4) 摇进活塞螺杆,向本体充油。

(5) 重复(1)~(4)步,直至压力表上有压力读数为止。

(6) 再次检查油杯阀门是否关好,压力表及本体油路阀门是否开启,若均已稳定即可进行实验。

4. 测定 $T=20℃$ 时的等温线。

(1) 将恒温水浴调至 $T=20℃$,并要保持恒温。

(2) 压力记录从 45atm 开始,当玻璃管内水银升起来后,应足够缓慢地摇进活塞螺杆,以保证恒温条件,否则来不及平衡,读数不准。

(3) 一般读取 h 时的压力间隔可取 2~5atm,但在接近饱和状态时,压力间隔应取

0.5atm。实验中读取水银高度时，应使视线与水银柱半圆型液面的中间平齐。

(4) 注意加压后 CO_2 的变化，特别是注意饱和压力和饱和温度的对应关系，液化、汽化等现象。注意观察第一个液滴的出现和最后一个气泡消失。将上述现象和数据一并记录下来。

(5) 压力升到100atm，读取值 h^*，$\Delta h^* = h_0 - h^*$。(注意压力不能超过100atm)

5. 测定临界等温线和临界参数，观察临界现象（$T_c = 31℃$）。

(1) 仿照第4步测出临界等温线，并由乳光现象确定压力 p_c 和临界比容 v_c，并将数据记录下来。

(2) 临界乳光现象的观察。保持临界温度不变，摇进活塞杆使压力升至78 atm附近处，然后突然摇退活塞杆降压（注意勿使实验本体晃动），在此瞬间玻璃管内将出现圆锥状的乳白色现象，这就是临界乳光现象。

6. 测定 $t = 50℃$ 时的等温线。

仿照第4步进行。由于 $T > T_c$，所以没有相变现象。

五、实验数据记录

表 2-12-1 实验数据记录样表

日　期 _____ ；室温 _____ ；大气压 _____ ；h_0 _____ mm。

时间	压力 p /atm	高度 h /mm	恒温水浴上温度计读数 /℃	夹套上温度计读数 /℃	现象
			$T = 20℃$		
	45				
	100				
			$T = 31℃$		
	45				
	100				
			$T = 50℃$		
	45				
	100				

六、实验数据处理

1. 求质面比 k。
2. 整理数据，并在 p-V 图上画出等温线。
3. 与图2-12-2中所示的等温线比较，并分析两者之间相差的原因。
4. 将实测得到的饱和压力和临界压力值与图2-12-3中所查得的值比较，分析误差原因。

七、注意事项

1. 摇动压力台活塞螺杆时，应用手扶稳压力台，防止因压力台滑动损坏实验台本体。
2. 本操作台操作范围 $p \leqslant 100$atm，$T \leqslant 50℃$，超过此范围承压玻璃管有炸裂的危险。

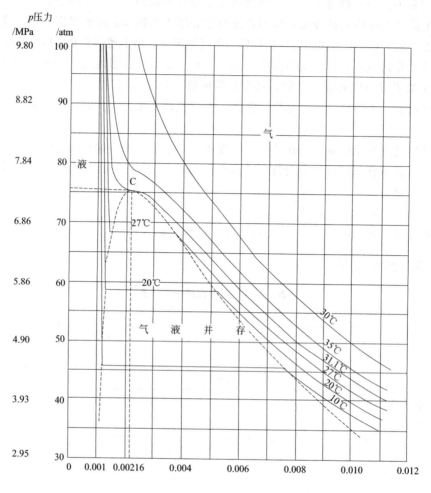

图 2-12-2 CO_2 的 p-V 图（标准曲线）

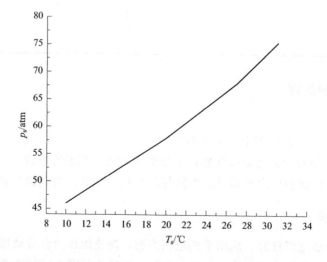

图 2-12-3 CO_2 的饱和温度 T_s 和饱和压力 p_s 的关系曲线（标准值）

八、思考题

1. 为什么选用 CO_2 而不是其他常见流体测定其 p-T-V 关系？
2. 质面比是如何定义的，在实际测量中其意义是什么？
3. 在升压实测时，为何所得等温线比标准曲线的斜率大？

九、附录

拓 / 展 / 阅 / 读

超临界二氧化碳萃取是指在超临界状态下二氧化碳对某些天然产物具有特殊溶解作用，利用其溶解能力与密度的关系，即利用压力和温度对超临界二氧化碳溶解能力的影响，选择性地把极性大小、沸点高低和分子量大小不同的成分依次萃取出来。超临界二氧化碳萃取可以在接近室温下进行，能有效地防止热敏性物质的氧化和逸散，且全过程不用有机溶剂，防止提取过程对人体的毒害和对环境的污染，是一种安全高效的分离方法，目前已广泛应用于医药、食品、环保、香精香料等领域。

第三章 化工分离工程实验

实验 13 部分回流时精馏柱分离能力测定

一、实验目的

熟悉部分回流精馏塔操作,了解回流比对塔分离性能的影响。

二、实验原理

全回流下测定的填料精馏塔理论板数,只能评价不同结构的精馏塔分离效率及填料性能,不能反映实际操作条件下的分离性能。全回流下,要达到一定分离要求,所需理论塔板数虽为最少(对一定柱高而言,达到的分离能力为最大),但无产品馏出,无实用价值。

随着塔顶回流比的减少,塔顶产物增加,但为达到一定的分离效果,所需理论塔板数增加,即塔的分离能力下降。回流比减少到某一最小值时,需要的理论塔板数为无穷大,实际上不能达到特定的分离要求。

本实验采用间歇精馏柱测定部分回流时的理论塔板数,为了使在一定回流比下的整个系统维持在稳定状态下操作,使用将柱顶馏出液全部返回塔釜的方法。这样操作的精馏柱就相当于在稳定状态下连续精馏塔的精馏段。此时,精馏柱的釜相当于连续精馏塔的加料板。

若从塔顶冷凝液中取出一定量的产品 D (称为馏出液),回流量为 L,且令

$$R = \frac{L}{D} \tag{3-13-1}$$

式中 R 为回流比。

显然,回流比愈小,馏出液量愈大,即产品愈多,但达到同样分离要求,理论塔板数愈大。回流比达到某一最小值时,理论塔板数就无穷大。

所谓最小回流比,也就是操作线与平衡线交于一点,根据交点坐标 x_w 与 y_w 和馏出液组成 x_D,由精馏段操作线的斜率或截距可算出最小回流比

$$R_{\min} = \frac{y_D - y_W}{y_W - x_W} \tag{3-13-2}$$

在最小回流比时，x_W 与 y_W 位于平衡线上，根据汽液平衡方程

$$x_W = \frac{\alpha x_W}{1+(\alpha-1)x_W} \tag{3-13-3}$$

将式(3-13-3)代入式(3-13-2)，经整理后得

$$R_{\min} = \frac{1}{\alpha-1}\left[\frac{x_D}{x_W} - \frac{\alpha(1-x_D)}{1-x_W}\right] \tag{3-13-4}$$

部分回流比下，精馏塔理论板数 N_{TR} 的计算，可用计算机做图求得。N_{TR} 与全回流下测得的理论板数 N_T 之比为精馏塔的利用系数

$$k = \frac{N_{TR}}{N_T} \tag{3-13-5}$$

在工业生产上，最佳回流比的确定，要综合考虑设备费与操作费消耗，取其经济效果最佳时的回流比。

三、实验装置

本实验装置由精馏元件和控制元件两部分组成，精馏部分由精馏柱、分馏头、再沸器等组成（图3-13-1）。再沸器采用电加热套加热。控制仪由四部分组成。釜液温度传感感与电热套经控制元件调配根据设定的温度实现电热套的开启或闭合，实现再沸器的加热强度的调控，从而控制蒸馏釜内物料蒸发量和蒸汽速度。分馏头处的铁针经电磁设定开关时间实现分馏头处的闭合，从而实现回流比的调节控制。温度数字显示仪通过选择开关，测量各点温度（包括柱、蒸汽、入塔料液、回流液和釜残液的温度）。柱顶冷凝器用水冷却，可适当调节冷却水流量来控制回流液的温度，回流液流量由分馏头附设的计量管测量。

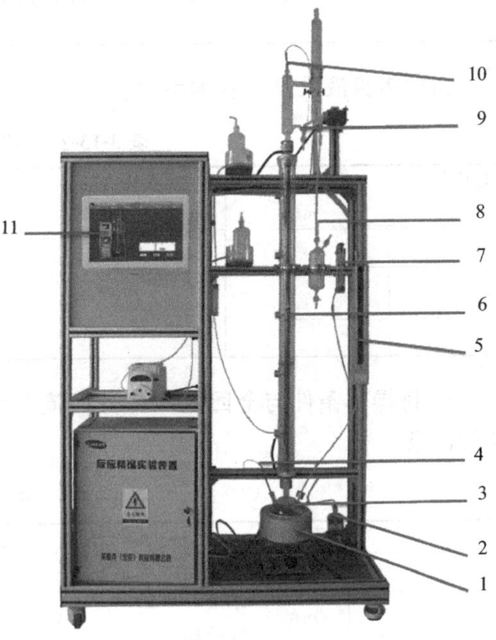

四、实验步骤

本实验采用苯-四氯化碳作为实验液，两者体积比配制成1:1，将配制好的1500～2000mL实验液加入蒸馏烧瓶内，并加入一定量沸石，以防爆沸。

先向冷凝器内通少量冷却水，然后启动电器设备，将釜内试液加热至沸（开始加热电压大致控制在200V以下）。

料液沸腾后，要注意调节加热电压，并预先液泛一次，使填料完全湿润。同时，记录开始液泛时的压强降。

然后，将变压器调回至零，稍待片刻，再逐渐升压加热，调到压差计读数为液泛时压差

图3-13-1 精馏装置图
1—电热套；2—釜液取样冷凝；3—蒸馏釜；4—釜液温度计；5—压差计；6—填料；7—流量计；8—液相温度计；9—分馏头；10—气相温度计；11—集成控制器

的 80%～90%，全回流 40min 以上，待操作状态完全稳定后，开始取样，用折射仪进行分析，操作前一定要认真阅读阿贝折光仪操作规程。

在回流比 $R=1$～30 范围内，选择不同回流比下操作，并让馏出液全部返回塔釜，稳定一段时间后，测定馏出液量，回流比的调节只要旋动两个时间继电器的旋钮。通过调节两者之间的延时比例（回流与馏出时间之比）来调节回流比。

在选定的回流比下，稳定操作 40min 左右后，取样分析，并以分析数据达到恒定为准。

五、注意事项

1. 为了保持回流温度恒定，一定要注意保持冷水量恒定不变。
2. 为了维持蒸发量恒定，一定要严密控制电热套的电压，保持电流表与压差计的读数稳定不变。

六、实验数据处理

1. 将实验设备及实验液的基本参数参考表 3-13-1、表 3-13-2 进行记录。
(1) 实验液的体系及物性。

表 3-13-1　实验数据记录样表（一）

实验液名称	摩尔质量 M	含量	沸点 T_b	折射率 n_D^{25}	密度 ρ	平均相对挥发度 α_m

(2) 实验液及设备基本参数。

表 3-13-2　实验数据记录样表（二）

柱内径 D /mm	填充高度 H /mm	实验液用量 V /mL	原始实验液组成 X_F /(mol/L)	原始实验液体积比	全回流泛点压差 Δp_0 /mmH$_2$O

2. 将操作条件与全回流和部分回流时测得的各项实验数据，参考表 3-13-3、表 3-13-4 进行记录。

表 3-13-3　实验数据记录样表（三）

实验序号	操作条件			回流量 /(L/h)	回流液温度 /℃	塔顶蒸汽温度 /℃	压强降 /mmH$_2$O	柱顶		釜液		备注
	电压 /V	电流 /mA	冷却水量 /(L/h)					折射率	组成 /%	折射率	组成 /%	

3. 根据实验数据，计算全回流下理论塔板数和在一定回流比下的回流液量，蒸汽空塔速度，理论塔板数及利用系数。按一定回流比下实验测得的 x_D 与 x_W 计算最小回流比 R_{min}。

表 3-13-4　实验数据记录样表（四）

压降比 $\Delta p/\Delta p_0$	最小回流比 $R_{\min}$	$R/R_{\min}$	回流液量 L /(m³/s)	空塔速度 U_0 /(m/s)	全回流时理论板数 N_T/块	部分回流时理论塔板数 N_{TR}/块	利用系数/% k

4. 将不同回流比下的理论塔板数标绘成曲线，并讨论。

七、思考题

1. 测定精馏柱的利用系数有什么实际意义？为什么要选择合适的利用系数？
2. 在实验室精密精馏中，应如何适当选择回流比和利用系数？

拓 / 展 / 阅 / 读

随着石油、化学工业的发展，特别是石油化工的发展，无论在精馏装置的规模上，还是在分离的难度上，都提出了更高的要求。新型分离设备不断涌现，各种节能的、特殊的精馏分离流程得到发展，精馏的设计方法逐步实现了规范化，先进的精馏优化控制方案不断被开发并获得应用，精馏技术的发展达到了相当成熟的程度。

按操作条件可将特殊精馏分为添加剂精馏、复合（或耦合）精馏以及非常规条件下的精馏。恒沸、萃取、加盐精馏属于添加剂精馏，反应精馏属复合精馏，分子精馏为非常规条件下的精馏。

分子精馏是在高真空、冷、热两面相距小于或等于分子平均自由程条件下进行的。通过二元混合物中两组分以不同速度在液相主体向蒸发界面扩散，自由蒸发奔向冷凝面被冷凝，即完成一级分子精馏过程，实现一次分离。经过多级的分子精馏，即可使混合物达到规定的分离要求。

实验 14　筛板精馏塔全塔效率测定

一、实验目的

1. 观察板式塔（热模）汽、液流动状态。
2. 测定筛板塔总板效率与空塔气速（或压力、回流液量）的关系。
3. 了解精馏流程安装及操作。

二、实验原理

板式塔是使用量大、运用范围广的重要气（汽）液传质设备，评价塔板好坏一般根据处理量、板效率、阻力降、弹性和结构等因素。目前出现的多种塔板中鼓泡式塔板（以筛板塔、浮阀塔为代表）和喷射式塔板（以舌形、斜孔、网孔为代表）在工业上使用较多，板式塔作为汽液传质设备，既可用于吸收，也可用于精馏，用得最多的是精馏。在精馏装置中，塔板是汽、液两相接触的场所。汽相从塔底进入，回流从塔顶进入，汽液两相逆流接触在塔板上进行相际传质。精馏塔之所以能使液体混合物得到较完全的分离，关键在于回流的运用。全回流是一种极限情况，它不加料也不出产品。塔顶冷凝量全部从塔顶回到塔内，这在生产上没有意义。但是这种操作容易达到稳定，故在装置开工和科学研究中常常采用。全回流时由于回流比为无穷大，当分离要求相同时，全回流比其他回流比所需理论塔板数要少，故称全回流时所需理论塔板数为最少理论塔板数。通常计算最少理论塔板数用芬斯克方程。

板效率是反映塔板及操作好坏的重要指标。影响板效率的因素很多，当板型、体系确定以后，塔板上的汽、液量是板效率的主要影响因素，当塔的上升蒸汽量不够，塔板上建立不了液层；若上升气速太大，又会产生严重夹带甚至于液泛，这时塔的分离效果大大下降。表示全塔效率的方法有总板效率 η

$$\eta = \frac{N_{理}}{N_{实}} \quad (3\text{-}14\text{-}1)$$

全塔效率的数值在设计中应用得广泛，它常由实验测定。

三、实验装置与试剂

1. 实验装置：筛板精馏塔一套（图 3-14-1），塔内径 30mm，板间距 4mm，筛孔 1mm；阿贝折光仪一台，恒温水浴一台；$N_{实}$ 为 10 块。
2. 试剂：苯（化学纯），四氯化碳（化学纯）。

四、实验步骤

1. 检查装置是否完好，各处磨口是否灵活好用，电器部分是否正常，并向釜内加入苯-四氯化碳二元混合溶液，加入量约为釜体积的 1/2，并加入几粒沸石以防爆沸。
2. 先向冷凝器内通入少量冷却水，打开电源，启动加热系统，缓慢加热（切不可加热太快），控制加热电压约在 100～200V 之间。
3. 调节加热系统，仔细观察塔板上汽液接触情况，寻找适宜的操作范围，记下其上下限压降。
4. 在上下限压降范围内，选取不同压降点操作，待操作稳定后，同时取塔底液体样品做折射率分析，并按要求做好记录。每改变一次条件，需稳定后，才取样分析（取 3～5 组数据）。
5. 数据取完后，停止精馏，首先切断电源，待塔顶冷却至 40℃以下，关掉冷却水。打扫室内卫生。

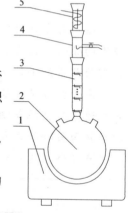

图 3-14-1　筛板精馏塔
1—电热套 1000W；
2—精馏烧瓶；3—塔节
4—受液管；5—冷凝管

五、实验数据记录

1. 数据计算整理可参考表 3-14-1。

表 3-14-1　实验数据记录样表（一）

序号	回流量 L /(L/h)	蒸汽空塔速度 U_0 /(m/s)	压强降 Δp /mmH$_2$O	理论塔板数 N_T /块	全塔效率 η /%

2. 按表 3-14-2 做好实验记录。

表 3-14-2　实验数据记录样表（二）

实验序号	操作条件			回流量 /(L/h)	回流液温度 /℃	塔顶蒸气温度 /℃	压强降 mmH$_2$O	柱顶		釜液		备注
	电压 /V	电流 /mA	冷却水量 /(L/h)					折射率	组成 /%	折射率	组成 /%	

六、实验数据处理

做出 L-η、p-η、U_0-η 曲线，并讨论。根据实验结果分析回流量对精馏操作的影响。

七、思考题

1. 在精馏塔正常操作时，如果回流装置出现问题，中断了回流，此时操作情况会发生什么变化？

2. 在同一操作条件下，全回流与部分回流的板效率会如何变化？同是全回流为什么在不同的回流液量下板效率不同？

3. 如何判断精馏操作是否稳定，它受哪些因素影响？

拓 / 展 / 阅 / 读

精馏设备的研究应用史是一典型的化学工程研究开发过程范例，揭示了化学工程的研究应用由经验向科学化发展的内在规律，总结精馏设备研究应用的规律，评述近年来精馏塔技术的发展。塔设备的广泛应用是伴随着二十世纪初迅猛发展的炼油工业。1904 年炼油工业出现了早期的填料塔，1912 年穿流塔板也应用于炼油工业，标志着第一代乱堆填料的诞生，但实际生产效果仍没有很大的提高，人们开始意识到汽液分布性能对填料塔操作的重要性。1920 年泡罩塔板在炼油工业中应用，标志着现代塔设备研究开发的开始。

实验 15　精密填料精馏塔等板高度测定

一、实验目的

1. 熟悉实验室填料精馏塔的操作及等板高度的测定方法。
2. 定性了解上升蒸汽量对等板高度的影响，找出该塔适宜的操作范围。

二、实验原理

精馏实验是研究精馏过程的重要手段之一，实验室精馏主要用于以下几个方面：

1. 进行精馏理论和设备方面的研究；

2. 为设计和生产提供数据，如确定物质分离的难易，比较分离方案，确定工艺流程及工艺条件，选择共沸剂、萃取剂、校核数学模型等。

3. 制备高纯度物质。

影响精馏过程分离能力的因素很多，归纳起来，大致分为三个方面：物料的物质因素、设备的结构因素及操作因素。填料塔等板高度、理论板当量高度，是评价填料塔分离物性的综合指标。在全回流下测定精馏塔理论板数，从而测得其等板高度，可以综合反映塔结构及填料性能，评价塔结构及填料性能，消除回流比对分离性能的影响。

全回流下，系统达稳定后，达到一定分离程度所需理论板数为最少，设备分离能力达最大。对二元系统，其理论板数的计算可用芬斯克公式计算

$$N_T = \frac{\log\left[\left(\dfrac{x_P}{1-x_P}\right)\left(\dfrac{1-x_W}{x_W}\right)\right]}{\log \alpha_m} \qquad (3\text{-}15\text{-}1)$$

式中　N_T——理论板数；
　　　x_P——塔顶低沸点物摩尔分数；
　　　x_W——塔底低沸点物摩尔分数；
　　　α_m——塔内平均相对挥发度。

等板高度

$$\text{HETP} = \frac{H}{N_T} \qquad (3\text{-}15\text{-}2)$$

式中　H——填料层高，m。

本实验采用苯-四氯化碳物系。在全回流下精馏，系统达稳定后，用阿贝折光仪测量顶、底液相组成，用芬斯克公式计算理论塔板数，从而求得等板高度。

三、实验装置与试剂

1. **实验装置**：精密填料精馏塔一套，安装方式如图 3-15-1 所示，塔内径 25mm、高 1100mm，玻璃弹簧式或不锈钢环填料；阿贝折光仪一台；恒温水浴一台。

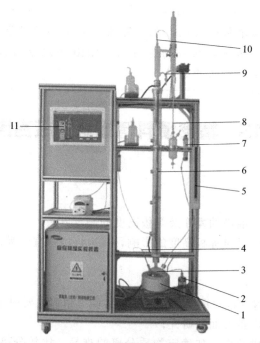

图 3-15-1　实验装置流程图

1—电热套；2—釜液取样冷凝；3—蒸馏釜；4—釜液温度计；5—压差计；6—填料；
7—流量计；8—液相温度计；9—分馏头；10—气相温度计；11—集成控制器

2. 试剂：苯（化学纯）、四氯化碳（化学纯）。

表 3-15-1　物性数据值

试剂	摩尔质量/(g/mol)	n_D^{25}	沸点/℃	液体密度/(kg/m³)
苯 C_6H_6	78.11	1.5005	80.15	885(15℃)
四氯化碳 CCl_4	153.80	1.4600	76.55	1589(25℃)

四、实验步骤

1. 实验前先对照实验安装简图（图 3-15-1），看各零部件是否完好、齐全。检查各处磨口是否灵活好用，电气部分是否正常好用。

2. 向塔釜内加入苯-四氯化碳二元混合溶液，加入量约为塔釜体积的 1/2 左右，并加入几粒沸石，以免爆沸。

3. 先向冷凝器内通入少量冷却水，然后启动电加热系统，将釜内料液加热到沸腾（电压大约控制在 150V）。

4. 料液沸腾后，先预液泛一次，使填料完全湿润，记下液泛开始时塔内压强及塔顶冷凝液量，同时停止加热 10min。

5. 调节加热系统，在液泛压强降以下，取不同塔内压降全回流操作。待稳定操作 20min，从塔顶和塔釜同时取液体样品。注意需待操作稳定后，方可取样分析。

6. 数据取完后，停止精馏。首先切断加热电源，待塔顶冷却后，切断冷却水，打扫室内卫生。

五、实验数据记录

1. 根据表 3-15-2 做好实验记录。

表 3-15-2　实验数据记录样表（一）

实验序号	控制条件				操作条件			柱顶		釜液		备注
	电压/V	电流/mA	冷却水量/(L/h)	冷却水进出温差/℃	回流液温度/℃	塔顶蒸汽温度/℃	压降/(mmH₂O/mm 填料)	折射率	组成/%	折射率	组成/%	
1												
2												

2. 根据实验数据计算蒸汽空塔速度、理论塔板数 N_T 和等板高度 HETP 等，并将计算结果列入表格中，表 3-15-3 的格式可供参考。

表 3-15-3　实验数据记录样表（二）

实验序号	回流量 L/(L/s)	蒸气空塔速度 U_0/(m/s)	压强降 Δp/(mmH₂O/mm 填料)	理论塔板数 N_T/块	等板高度 HETP/mm
1					
2					
3					

六、实验数据处理

做出回流量 L-N_T、L-Δp、L-U_0 曲线，并分析讨论实验过程中观察到的现象。

七、思考题

1. 本试验如何对塔身保温，保温的好坏对实验结果有何影响，为什么？
2. 试分析影响填料等板高度的因素有哪些？
3. 液泛现象受哪些因素影响，为了提高塔的液泛速度可采取哪些措施？

拓 / 展 / 阅 / 读

大型液体分布器的基础研究使得填料塔的放大研究成功，并在减压塔中应用获得极大的经济效益和社会效益。从 20 世纪 60 年代开始，国外的一些大学和塔设备工程公司，开始了对填料塔的研究。到 70 年代末期，基本解决了填料塔的放大问题。填料塔在大型减压塔设备中成功的工业应用，标志着塔内件研究开发的另一个新时代的开始。以填料进行现有的塔设备的挖潜和改造，获得了巨大的经济效益和社会效益，以致一批学者高呼"填料塔取代板式塔的时代已经来临"。

实验 16 共沸精馏制备无水乙醇

共沸精馏是一种特殊的精馏方法，它适用于由共沸物组成且用普通精馏无法得到纯品的物系。例如，分离乙醇和水的二元系统，由于乙醇和水可以形成共沸物，而且常压下的共沸温度和乙醇的沸点温度极为相近，所以采用普通精馏方法只能得到乙醇和水的混合物，而无法得到无水乙醇。

为此，在乙醇-水系统中加入第三种物质，使其能和被分离系统的一种或几种物质形成最低共沸物，共沸剂将以共沸物的形式从塔顶蒸出，塔釜则得到无水乙醇，这种方法就称作共沸精馏。

乙醇脱水是最具代表性的非均相共沸物系统。常用的共沸剂有苯、正己烷、环己烷、正庚烷等，它们均可以和乙醇-水形成多种共沸物，而且其中的三元共沸物在室温下又可以分为两相，一相中富含共沸剂，另一相中富含水，前者可以循环使用。后者又很容易分离出来，这样使得整个分离过程大为简化。

一、实验目的

1. 通过实验加深对共沸精馏的理解。
2. 熟悉精馏设备的构造，掌握精馏操作方法。
3. 能够做出间歇过程的全塔物料衡算。
4. 学会使用阿贝折光仪分析液相组成。

二、实验原理

乙醇-水系统加入共沸剂苯以后可以形成四种共沸物。它们在常压下的共沸温度、共沸组成列于表 3-16-1。

表 3-16-1　乙醇-水-苯三元系统共沸物性质

共沸物	共沸点/℃	共沸组成/%（质量分数）		
		乙醇	水	苯
乙醇-水-苯	64.85	18.5	7.4	74.1
乙醇-苯	68.24	32.37	/	67.63
苯-水	69.25	/	8.83	91.17
乙醇-水	78.15	95.57	4.43	/

为了便于比较，再将乙醇、水、苯三种纯物质在常压下的沸点列于表 3-16-2。

表 3-16-2　乙醇、水、苯常压沸点

物质名称	乙醇	水	苯
沸点温度/℃	78.3	100.0	80.2

从以上两表列出的沸点情况看：除乙醇和水的二元共沸物的共沸点与乙醇的沸点相近外，其余三种共沸物的共沸点与乙醇的沸点均有10℃左右的温差。因此，可以设法使水与苯以共沸物的方式从塔顶分离出来，而塔釜得到无水乙醇。

本实验为间歇操作，采用分相回流，由于富苯相中苯的含量很高，可以循环使用，因而苯的用量可以少于理论共沸剂量。

在理想的操作条件下，塔顶首先出来的是三元共沸物，其后是沸点略高于它的二元共沸物乙醇-苯，最后塔釜得到无水乙醇。这也是间歇操作所特有的效果，即只用一个塔便可将上面三种物质分开。

三、实验装置

实验装置见图 3-16-1。在玻璃塔内装有不锈钢网状 θ 环，填料层高度 1.2m。

塔釜为 500mL 三口烧瓶，其中一个口与塔身相连，另一个口插入一支放有测温铜电阻的玻璃套管，用于测量塔釜液相温度，第三个口作为取样口。塔釜用电加热包加热，并采用自动控温仪表控制塔釜和外壁温度，以保证供热恒定。上升蒸汽经填料层到塔顶全凝器，为了便于控制全塔的温度，采用两段导电的透明膜通电加热保温。另外还在塔顶、塔釜及塔身上、下等长两段的中点分别放置了 4 只测温铜电阻，各点温度由按键开关切换，并由数字温度显示器直接读出。

塔顶冷凝液流入分相器后分为两相，上层为富苯相，下层为富水相，富苯相由溢流口回流。分相器用玻璃管制成，内有冷却蛇管，通入 25℃ 的恒温循环水，保证分相器内液体温度为 25℃。

四、实验步骤

1. 将 70g 95% 的乙醇溶液加入塔釜，并放几粒沸石。
2. 按照理论共沸剂的用量算出苯的加入量。将称量好的苯先由塔顶倒入分相器，加到溢流口高度，再将剩余的苯倒入塔釜。
3. 接通全凝器冷却水，打开电源开关，开始塔釜加热。与此同时调节好超级恒温水浴温度，使循环水通过阿贝折光仪和分相器，并保证温度为 25℃。
4. 为了使填料层具有均匀的温度梯度，可以根据塔顶和塔釜的温度按线性关系计算出

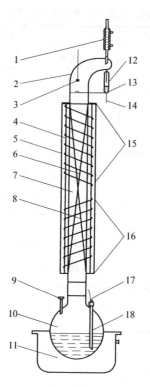

图 3-16-1 共沸精馏实验装置图

1—塔顶全凝器；2—塔头；3—测温铜电阻；4—玻璃内套管；5—玻璃外套管；6—上段测温铜电阻；7—精馏塔；8—下段测温铜电阻；9—取样口；10—塔釜；11—电加热包；12—分相器；13—三通旋塞；14—出液口；15—上段电加热；16—下段电加热；17—测温铜电阻；18—玻璃套管

上、下保温段测温点处的温度。随时调节保温电流大小，使其达到计算温度要求。

5. 每隔 10min 记录一次测温点的温度。每隔 20min 用注射器取塔釜汽样（取出后立即冷凝为液体）少许，用阿贝折光仪测出折射率，求出塔釜气相组成。

6. 根据汽液平衡数据，推算出塔釜液相组成，当其纯度达到 99.5% 以上时即可停止实验。

7. 取出分相器中的富水层称重并测定折射率，再利用附录提供的数据求出富水相的组成。然后取少量富苯相用同样的方法测出其组成。

8. 断电、停冷却水，结束实验。

五、实验数据处理

1. 做间歇过程的全料物料衡算，推算出塔顶三元共沸物的组成。

2. 画出 25℃下乙醇-水-苯三元物系的溶解度曲线，标明共沸物组成点，画出加料线，并对本精馏过程做简要的说明。

六、注意事项

1. 控制好塔釜加热以及填料层温度分布是确保实验正常操作的关键，为使塔顶馏出液很好地分相，还应保证塔顶温度在三元共沸点以下。

2. 由于本实验为间歇操作，实验过程采用富苯相全回流。所以分相器的体积是按照原料的总量和总组成专门设计的。当原料液的总量发生变化或塔顶出现大量二元共沸物时，应及时取出分相器中的部分液体，以保证分相器有足够的盛液体积。

七、思考题

1. 将计算出的三元共沸组成与文献值比较，求出其相对误差，并分析产生误差的原因。
2. 如何计算共沸剂的加入量？
3. 需要测出哪些量才能做全塔的物料衡算？

八、附录

表 3-16-3　乙醇-水系统汽液平衡数据

$T/℃$	67.8	68.3	70.1	72.4	74.4	78.1
x（乙醇摩尔分数）	43.0	61.0	80.0	89.0	94.0	100.0
y（乙醇摩尔分数）	44.0	50.0	60.0	70.0	80.0	100.0

表 3-16-4　乙醇-水-苯系统在 25℃下的平衡组成（质量分数）

富苯相/%			富水相/%		
乙醇	水	$n_D^{25.5}$	乙醇	苯	$n_D^{25.5}$
1.86	98.00	1.4940	15.61	0.19	1.3431
3.85	95.82	1.4897	30.01	0.65	1.3520
6.21	93.32	1.4861	38.50	1.71	1.3573
7.91	91.25	1.4829	44.00	2.88	1.3615
11.00	87.81	1.4775	49.75	8.95	1.3700
14.68	83.50	1.4714	52.28	15.21	1.3787
18.21	79.15	1.4650	51.72	22.73	1.3890
22.30	74.00	1.4575	49.95	29.11	1.3976
23.58	72.41	1.4551	48.85	31.85	1.4011
30.85	62.01	1.4408	43.42	42.89	1.4152

拓 / 展 / 阅 / 读

苯三元恒沸精馏脱水是无水乙醇生产的传统工艺，夹带剂（共沸剂）的用量是否合适关系到整个分离效果和经济效益。传统的共沸精馏已经形成规模化、机械化程度很高的无水乙醇生产工艺，且产量大、质量好、生产稳定、技术成熟。其主要缺点是能耗较高，且在夹带剂操作不当时会引起环境污染。因此，优化生产工艺、降低能耗是共沸精馏研究的热点。封瑞江等研究表明，共沸剂最佳配比为 $m_{(苯)}:m_{(乙醇)}=3:7$ 时能使制取的乙醇浓度超过 99.7%，精馏时间大约 120min。李立硕对乙醇-水-苯体系共沸精馏塔进行模拟计算，得出蒸发量为 69kg/h、苯相回流量为 58kg/h、回流比为 3:1 时的最佳操作工艺参数，随着进料乙醇浓度的提高，制取的无水乙醇浓度也就越高。李军等研究发现用隔壁塔替代常规共沸精馏流程中的脱水塔及提浓塔，可以降低能耗 28.2%，并降低了投资和操作费用。

实验 17　液膜分离法脱除废水中的污染物

一、实验目的

1. 掌握液膜分离技术的操作过程。
2. 了解两种不同的液膜传质机理。
3. 用液膜分离技术脱除废水中的污染物。

二、实验原理

液膜分离技术是集萃取与反萃取于一个过程中，可以分离浓度比较低的液相体系。此技术已在湿法冶金提取稀土金属、石油化工、生物制品、三废处理等领域得到应用。

液膜分离是将第三种液体展成膜状以分隔另外两种液体，由于液膜的选择性透过，故第一种液体（料液）中的某些成分透过液膜进入第二种液体（接受相），然后将三相各自分开，实现料液中组分的分离。

所谓液膜，即是分隔两液相的第三种液体，它与其余被分隔的两种液体必须完全不互溶或溶解度很小。因此，根据被处理料液为水溶性或油溶性可分别选择油或水溶液作为液膜。根据液膜的形状，可分为乳状液膜和支撑型液膜，本实验为乳状液膜分离醋酸-水溶液。

由于处理的是醋酸废水溶液体系，所以可选用与之不互溶的油性液膜，并选用 NaOH 水溶液作为接受相。先将液膜相与接受相（也称内相）在一定条件下乳化，使之成为稳定的油包水（W/O）型乳状液，然后将此乳状液分散于含醋酸的水溶液中（此处称为外相）。外相中醋酸以一定的方式透过液膜向内相迁移，并与内相 NaOH 反应生成 NaAc 而被保留在内相，然后乳液与外相分离，经过破乳，得到内相中高浓度的 NaAc，而液膜则可以重复使用。为了制备稳定的乳状液膜，需要在膜中加入乳化剂。乳化剂的选择可以根据亲水亲油平衡值（HLB）来决定，一般对于 W/O 型乳状液，选择 HLB 值为 3～6 的乳化剂。有时，为了提高液膜强度，也可在膜相中加入一些膜增强剂（一般黏度较高的液体）。

溶质透过液膜的迁移过程，可以根据膜相中是否加入流动载体而分为促进迁移Ⅰ型或促进迁移Ⅱ型传质。促进迁移Ⅰ型传质，是利用液膜本身对溶质有一定的溶解度，选择性地传递溶质（见图 3-17-1）。促进迁移Ⅱ型传质，是在液膜中加入一定的流动载体（通常为溶质的萃取剂），选择性地与溶质在界面处形成络合物；然后此络合物在浓度梯度的作用下向内相扩散，至内相界面处被内相试剂解络（反萃），解离出溶质载体，溶质进入内相而载体则扩散至外相界面处再与溶质络合。这种形式更大地提高了液膜的选择性及应用范围（见图 3-17-2）。

综合上述两种传质机理可以看出，液膜传质过程实际上相当于萃取与反萃取两步过程同时进行：液膜将料液中的溶质萃入膜相，然后扩散至内相界面处，被内相试剂反萃至内相（接受相）。因此，萃取过程中的一些操作条件（如相比等）也同样影响液膜传质速率。

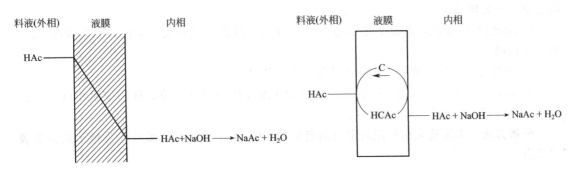

图 3-17-1 促进迁移Ⅰ型传质示意图　　图 3-17-2 促进迁移Ⅱ型传质示意图

三、实验装置、流程与试剂

实验装置主要包括：可控硅直流调速搅拌器 2 套；标准搅拌釜 2 只，小的为制乳时用，大的进行传质实验；砂芯漏斗 2 只，用于液膜的破乳。实验试剂为：煤油、乳化剂 E644、TBP（载体）、2mol/L 的 NaOH、醋酸。

液膜分离的工艺流程如图 3-17-3 所示。

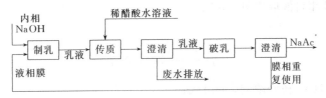

图 3-17-3 乳状液膜分离过程示意图

四、实验步骤

本实验为乳状液膜法脱除水溶液中的醋酸，首先需制备液膜。

液膜组成已于实验前配好，分别为以下两种液膜。

膜 1# 组成：煤油，95%；乳化剂 E644，5%。

膜 2# 组成：煤油，90%；乳化剂 E644，5%；TBP（载体），5%。

内相用 2mol/L 的 NaOH 水溶液。采用 HAc 水溶液作为料液进行传质试验，外相 HAc 的初始浓度在实验时测定。

具体步骤如下：

1. 在制乳搅拌釜中先加入液膜 1# 70mL，然后在 1600r/min 的转速下滴加内相 NaOH 水溶液 70mL（约 1min 加完），在此转速下搅拌 15min，待成稳定乳状液后停止搅拌，待用。

2. 在传质釜加入待处理的料液 450mL，在约 400r/min 的搅拌速度下加入上述乳液 90mL，进行传质实验，在一定时间下取少量料液进行分析，测定外相 HAc 浓度随时间的变化（取样时间为 2、5、8、12、16、20、25min），并做出外相 HAc 浓度与时间的关系曲线。待外相中所有 HAc 均进入内相后，停止搅拌。放出釜中液体，洗净待用。

3. 在传质釜中加入 450mL 料液，在搅拌下（与 2 同样转速）加入小釜中剩余的乳状液（应计量），重复步骤 2。

4. 比较步骤 2、3 的实验结果，说明在不同处理比（料液体积：乳液体积）下传质速率的差别，并分析其原因。

5. 用液膜 2# 膜相，重复上述步骤 1~4。注意，两次传质的乳液量应分别与步骤 2、3 的用量相同。

6. 分析比较不同液膜组成的传质速率，并分析其原因。

7. 收集经沉降澄清后的上层乳液，采用砂芯漏斗抽滤破乳，破乳得到的膜相返回至制乳工序，内相 NaAc 进一步精制回收。

分析方法：本实验采用酸碱滴定法测定外相中的 HAc 浓度，以酚酞作为指示剂显示滴定终点。

五、实验数据处理

1. 外相中 HAc 浓度 c_{HAc}：

$$c_{HAc} = \frac{c_{NaOH} \times V_{NaOH}}{V_{HAc}} \tag{3-17-1}$$

式中 c_{NaOH}——标准 NaOH 溶液的浓度，mol/L；

V_{NaOH}——标准 NaOH 溶液的滴定体积，mL；

V_{HAc}——外相料液取样量，mL。

2. 脱除率：

$$\eta = \frac{c_0 - c_t}{c_0} \times 100\% \tag{3-17-2}$$

式中 c_0——外相 HAc 初始浓度，mol/L；

c_t——外相 HAc 瞬时浓度，mol/L。

3. 根据下表做好实验记录。

表 3-17-1 实验数据记录样表

时间(min)	0	2	5	8	12	16	20	25
c_{HAc}								
η								

六、注意事项

1. 实验完毕应切断电源，将所有残余样品倒入下水槽。
2. 将所有实验仪器及实验样瓶清洗干净，并放回原处。整理好实验台。

七、思考题

1. 液膜分离与液液萃取有什么异同？
2. 液膜传质机理有哪几种形式，主要区别在何处？
3. 促进迁移 II 型传质较促进迁移 I 型传质有哪些优势？
4. 液膜分离中乳化剂的作用是什么，其选择依据是什么？
5. 液膜分离操作主要有哪几步，各步的作用是什么？
6. 如何提高乳状液膜的稳定性？
7. 如何提高乳状液膜传质的分离效果？

> **拓 / 展 / 阅 / 读**
>
> 20世纪60年代中期诞生了一种新的膜分离技术：沼膜分离法（liquid membrane separation），又称沼膜萃取法（liquid membrane extraction）液膜分离技术是1965年由美国埃克森（Exssen）研究和工程公司的黎念之博士提出的一种新型膜分离技术。直到80年代中期，奥地利的J.Draxle等科学家采用液膜法从黏胶废液中回收锌获得成功，液膜分离技术才进入了实用阶段，这是一种以液膜为分离介质、以浓度差为推动力的膜分离技术。它与溶剂萃取虽然机理不同、但都属于液液系统的传质分离过程。

实验18　电渗析器极限电流及脱盐率测定

一、实验目的

1. 了解电渗析器工作原理和操作方法。
2. 掌握测定极限电流，及在选定的操作条件下测定脱盐率的方法。

二、实验原理

电渗析是利用离子交换膜的选择性透过能力，在直流电场的驱动下，发生阴阳离子的定向迁移，达到分离、提纯和浓缩含电解质溶液的一种膜分离过程。

电渗析工作原理如图3-18-1所示。在电渗析器中，阴膜与阳膜相间重叠，构成了很多隔室，这些隔室的两端分别为阴极室和阳极室。当隔室及阴、阳极室内充入含离子的水溶液，并接上电源后，隔室内的阳离子在电场作用下，向阴极方向迁移，它们很容易地穿过带负电荷的阳离子交换膜，但却被带正电荷的阴离子交换膜挡住（图3-18-1），同样的道理，溶液中的阴离子在向阳极迁移的过程中，很容易穿过阴膜却被阳膜所挡住，这样迁移的结果，使得1、3、5、7隔室内离子浓度增加，成为浓水室，而2、4、6隔室内的离子浓度下

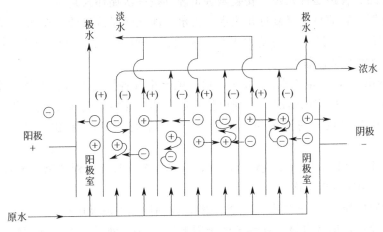

图3-18-1　电渗析工作原理图

降，成为淡水室，从而使含离子的原水分离成为浓水与淡水两部分，达到了脱盐的目的。

极限电流密度是电渗析器的主要技术参数，它对合理地设计、创造和使用电渗析器具有重要作用。

极限电流是电渗析内产生极化现象时的电流。极化现象的发生，导致膜表面产生沉淀，结垢，致使电渗析器脱盐性能下降，因而必须避免极化现象的发生。

在电渗析脱盐的过程中，由于离子交换膜内电场的影响，使水溶液中离子在离子交换膜中的迁移速度大于在水主体中的迁移速度，淡水室中膜与水介面处离子浓度下降，形成膜表面与水主体间的离子浓度差，该浓度差使表面处滞流层内的离子除了做电迁移外，还做扩散迁移，离子的迁移速度因而加快。最后达到平衡时，离子在膜中与水主体中的迁移速度相等，膜表面滞流层内有一稳定浓度差（$C_主 - C_介$）。若操作电流增大，膜表面处的离子浓度进一步下降，浓差进一步增大，离子扩散速度亦进一步增大，当电流增大到某一数值时，扩散迁移的离子速度达到最大值，界面处水中的离子浓度降到接近于零，迫使水发生离解为H^+及OH^-，以填补"离子真空"状态，离解后OH^-穿过阴膜，进入浓水室，以承担传递电流的任务。这就发生了极化现象。

阴膜发生极化时，穿过阴膜进入浓水室的OH^-，使浓水室pH值增大，呈碱性，并与浓水室中Ca^{2+}，Mg^{2+}，HCO_3^-等离子形成碳酸钙，氢氧化镁沉淀，发生结垢现象。

阳膜也会发生极化现象，但阳膜极化后，H^+穿过阳膜，进入浓水室，不易产生沉淀。

为防止极化现象发生，电渗析器应在极限电流下运行。

测定电渗析在正常工作条件下的脱盐率，是了解电渗析分离性能的重要方法。

三、实验装置

IED-Ⅰ电渗析器（50×30×120，20对膜）1台；
DDS-ⅡA型电导率仪1台，pH计1台。

四、实验步骤

1. 检查浓水槽、淡水槽、极水槽是否充满合乎质量的原水，若原水浊度>2，则需将原水实施预处理。

2. 检查电路、管路是否完好，安装是否正确（按一次循环式）。

3. 接上电源，启动泵，缓慢打开浓水、极水、淡水转子流量计。在20~40L/h范围内，调节各流量，使浓水、淡水压力基本平衡，并略高于极水压力（约0.1kg/cm² 左右）。同时，检查管路及膜堆是否漏水。

4. 稳定5min后，测定原水温度、pH值、电导率及各物流压力、流量，做好记录。

5. 在流量、压力稳定的情况下，开启整流器，从0开始，到35V间，依次按2~5V间隔增加电压（在15V内，间隔短些，15V以上，间隔可长些），稳定5min后，记录电压、电流。

6. 在20L/h~40L/h的淡水流量范围内，选择3个流量，分别依第5步测定1次，每次变换流量之间，倒换电极1次。

7. 做出膜对电压（U）~电流（I）曲线图，找到极化电流及电压。

8. 选定一流量，倒换电极，在测定的极限电流下80%处运行10min，测定脱盐率。（例如可采用8V，20L/h）。

9. 将测定的极限电流密度 i_m 与对数平均浓度 $C_{对}$、水流速 u 整理成 $i_m = Ku \cdot C_{对}$ 的关系式。

五、实验数据处理

1. 极限电流密度

$$i_m = 1000 \frac{I}{S} \quad (\text{mA/cm}^2) \tag{3-18-1}$$

式中　I——极限电流，A；（极限电流按图 3-18-2 确定）
　　　S——隔板有效面积，cm^2。（156cm^2）

如图 3-18-2 所示，$OABCDE$ 曲线为膜对电压随电流变化曲线，直线 OA 与 DE 相交于 P，P 点对应的电压与电流分别为极限电压与电流。

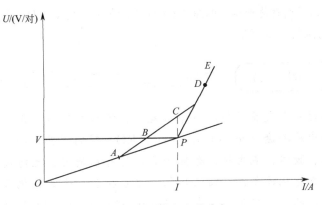

图 3-18-2　极限电流的确定

2. 脱盐率

$$\eta = \frac{C_0 - C_t}{C_0} \times 100\% \tag{3-18-2}$$

式中　C_0，C_t——淡水室进、出口处含盐量，mg/L。
　　　可依式 (3-18-3) 计算

$$C = 0.4051 X^{1.0561} \tag{3-18-3}$$

式中　C——含盐量，mg/L；
　　　X——电导率，mV/cm。

3. 极限电流密度计算公式

$$i_m = X_{进} C_{对} \tag{3-18-4}$$

$$C_{对} = \frac{C_{进} - C_{出}}{\ln \dfrac{C_{进}}{C_{出}}} \tag{3-18-5}$$

$$u = 278 \frac{Q}{nBt} \tag{3-18-6}$$

式中　t——流道厚，0.07cm；
　　　n——并联流道数，为 20；
　　　B——流道宽，为 12cm；

Q——淡水流量，L/h；
u——淡水隔室内水流线速度，cm/s。

4. 根据下表做好实验记录

表 3-18-1 实验数据记录样表

电压=_____V

时间/min	5	10	15	20	30
电导率/(mV/cm)					
η					

六、思考题

1. 做出的极化曲线正常与否，为什么？
2. 如何从极化现象解释你所得到的曲线？（曲线上的 A、B、C、D、E 点分别表示什么？）
3. 影响极限电流的因素有哪些？

拓 / 展 / 阅 / 读

膜分离技术近年来发展迅猛，在净水处理、污水处理与回用以及工业水处理领域应用广泛。其中反渗透（reverse osmosis，RO）膜的膜孔径小，能够有效地去除水中的溶解盐类、胶体、微生物、有机物等，具有水质好、无污染、工艺简单等优点。然而 RO 存在能耗较高、水回收率低、浓水排放、浓差极化和膜污染严重等问题，限制了该技术的广泛应用。正渗透（forward osmosis，FO）是一种常见的物理现象，是指水通过半透膜从高水化学势区域（或较低渗透压）自发地向低水化学势区域（或较高渗透压）传递的过程。

实验 19 盐效应精馏

一、实验目的

1. 了解盐效应精馏技术的特征和应用。
2. 掌握盐效应精馏的操作条件和分析方法。
3. 熟悉阿贝折光仪的使用方法。

二、实验原理

盐效应精馏不同于一般精馏，它是在有溶解于液相中的盐类存在下，在精馏塔内进行传质和传热的过程。盐的存在，可以引起被分离混合物范德华力的改变，并使混合物的平衡曲线上的共沸点消失。因此，利用盐效应精馏，可以分离共沸混合物和沸点相近的混合物，以达到提纯样品的目的。

本实验是将固体盐加入回流液中，溶解后由塔顶加入，在塔顶得到 99% 左右的纯样品，塔底得到盐溶液，盐可回收再用。

三、实验装置、试剂

实验装置：筛板精馏塔一套，如图3-19-1所示，塔内径 φ30mm，板间距40mm，筛孔 φ1mm，塔板数20，精馏釜一个（三口圆底烧瓶，3000mL）；

阿贝折光仪一台；精密恒温水浴一台。

实验试剂：化学纯乙醇，质量分数为95%；化学纯无水氯化钙。

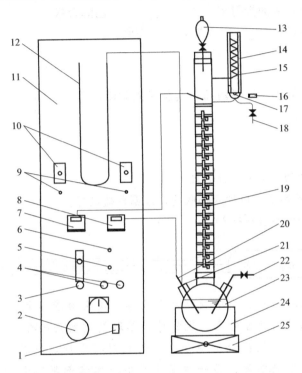

图3-19-1 盐效应精馏装置

1—电源；2—调压器；3—冷却水转子流量计；4—电源开关；5—线圈开关；6—日光灯开关；7—塔顶温度显示仪；8—塔釜温度显示仪；9—时间继电器指示灯；10—时间继电器；11—装置面板；12—U型压力计；13—加盐漏斗；14—塔顶分馏头；15—塔顶热电偶；16—线圈；17—铁珠；18—塔顶取样口；19—筛板精馏塔；20—塔釜热电偶；21—塔釜压口；22—塔釜取样口；23—塔釜；24—塔釜加热电炉；25—升降架

四、实验步骤

1. 称取经粉碎后的无水氯化钙30g，捣碎，放入烧杯备用。

2. 将1500mL恒沸组成为95%（质量分数）的乙醇加入精馏釜。

3. 接上电源，调节电压到200V左右，使塔釜加热，同时开冷却水，保持冷却水流量恒定。

4. 待塔顶回流恒定后取回流液样品，并用回流液将无水氯化钙溶解，倒入塔顶的盐溶液加料瓶中，滴加到塔内，滴加速度约0.35mL/min。

5. 精馏操作运行稳定后，分别在塔顶、塔釜取样。

6. 样品分别在阿贝折光仪上测得折射率，再从乙醇-水-氯化钙与折射率关系图上查出其组成成分。

7. 实验结束后先关掉电源开关,然后关总电源,待釜温下降到 40℃时,再关自来水。

五、实验数据记录

未精馏的乙醇折射率_____, 乙醇含量____%。
未加盐精馏的塔顶乙醇的折射率_____, 乙醇含量____%。
未加盐精馏的温度塔顶_____℃, 塔底____℃。
加盐精馏的塔顶乙醇的折射率_____, 乙醇含量____%。
加盐精馏的温度塔顶_____℃, 塔底____℃。

六、注意事项

乙醇为易挥发、易燃、易爆药品,实验时谨防溢出着火,实验完毕后需待釜温下降到40℃时方能关冷却水。

七、思考题

1. 盐效应精馏加盐可从哪些地方加入?
2. 对于乙醇-水的精馏,可加入哪些盐,以哪种盐最好?
3. 影响折射率的因素有哪些?

拓/展/阅/读

加盐萃取精馏从工业酒精中制取无水乙醇。该法由清华大学等单位开发,就是将加盐精馏和萃取精馏结合起来,代替普通萃取精馏所用的分离剂(一般为溶剂),一方面利用盐的效应,提高分离组分之间的相对挥发度,使混合物更加容易分离,减少所需理论板,节省能源;另一方面又具备液体溶剂循环和回收都方便的优点,克服了盐在输送过程中的堵塞和腐蚀等问题。

实验 20 萃取精馏

一、实验目的

1. 熟悉萃取精馏实验装置及其操作。
2. 掌握该装置的操作范围。
3. 定性了解萃取剂用量、料液比例等条件对操作的影响。

二、实验原理

萃取精馏是一种特殊的精馏方法。它与共沸精馏的操作很相似,但并不形成共沸物,所以比共沸精馏使用范围更大一些。它的特点是从塔顶连续加入一种高沸点添加剂(亦称溶剂、萃取剂）去改变被分离组分的相对挥发度，使普通精馏方法不能分离的组分得到分离。

三、实验装置、流程和试剂

1. 实验装置：实验使用萃取精馏装置一套，装置主要尺寸如下。

萃取玻璃塔体内径：20mm；填料高度：1.2m；

脱萃取剂玻璃塔体内径：20mm；填料高度：1m；

填料：2×2(2.5×2.5×3)mm（不锈钢θ网环）；

保温套管直径：60～80mm；

釜容积：500mL；加热功率：300W；

保温段加热功率（上下两段）：各300W；

预热器直径：30mm；加热功率70W；

主塔侧口：2个，间距400mm，距塔顶部200mm向下排列。

气相色谱仪一台。

2. 实验装置流程图（如图 3-20-1）：

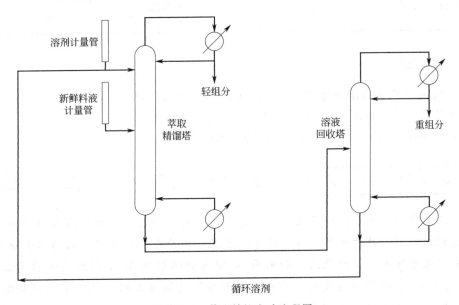

图 3-20-1　萃取精馏实验流程图

3. 实验试剂：甲醇（化学纯），丙酮（化学纯），蒸馏水。

四、实验步骤

以甲醇（14.5%，质量分数，余同)-丙酮（85.5%）为原料，以纯水为萃取剂，进行连续萃取精馏实验。在计量管内注入甲醇-丙酮混合物液体，另一计量管内注入蒸馏水。进水加料口在上部，进甲醇-丙酮混合物加料口在下部。向釜内注入约100mL含少量甲醇的水，此后可进行升温操作。同时预热器升温，当釜开始沸腾时，开塔体保温电源，并开始加料。控制水的加料速度为180mL/min，甲醇-丙酮混合物与水的体积比为1∶2～2.5。不断调节转子流量计所指示的流量，使其稳定在所要求的范围。用秒表定时记下计量管液面下降值以供调节流量用。

当塔顶开始有回流时，打开回流，给定回流值1∶1并开始用量筒收集流出物料，同时记下取料时间，要随时检查物料的平衡情况，调整加料速度或蒸发量。此外，还要调节釜液的排出量，大体维持液面稳定。在操作中取流出物用气相色谱仪进行分析。塔顶流出物丙酮为95%～96.5%，大大超过共沸组成。该组成对应的塔釜温度为99.8℃、塔顶温度57.7℃。停止操作后，要取出塔中各部的液体进行称量，并做出物料衡算。

五、实验数据记录

表3-20-1　实验数据记录样表

名称	加料量/g	塔顶流出物/g	釜液量/g	含量/%
水				
甲醇				
丙酮				

表3-20-2　实验数据记录样表

名称	加料速度/(mL/min)	名称	收率/%
甲醇-丙酮混合物		丙酮精馏	
水		甲醇精馏	

六、思考题

1. 萃取剂与甲醇-丙酮液体的加料比例对萃取精馏有何影响？
2. 回流比对萃取精馏有何影响？
3. 甲醇-丙酮液体的浓度对萃取精馏有何影响？

拓 / 展 / 阅 / 读

液液萃取技术基于组分的极性，来达到组分间的分离，而对于沸点的影响较小。因为受到溶剂选择性的限制，对于较宽沸点混合物的分离，采用萃取精馏很难实现，早先它只能对窄沸点物料使用，如采用N-甲基吡咯烷酮或N-甲酰吗啉作为溶剂进行的C_6和C_7物料的分离过程。然而，随着萃取精馏技术的发展，采用混合溶剂进行的萃取精馏解决了以上问题。美国GTC技术公司的GT-BTX技术具体体现了现代萃取精馏技术在混合芳烃（苯、甲苯、二甲苯）分离过程中的应用。

第四章 化工工艺学实验

实验 21 乙苯脱氢催化剂的制备

一、实验目的

1. 了解催化剂在反应中的基本作用和原理。
2. 掌握乙苯脱氢催化剂的制备方法，了解制备催化剂的基本原理。

二、实验原理

在化学反应里能改变反应物化学反应速率（提高或降低）而不改变化学平衡，且本身的质量和化学性质在化学反应前后都没有发生改变的物质叫催化剂。据统计，约有90%以上的工业过程中使用催化剂，如化工、石化、生化、环保等。催化剂种类繁多，按状态可分为液体催化剂和固体催化剂；按反应体系的相态分为均相催化剂和多相催化剂，均相催化剂包括酸、碱、可溶性过渡金属化合物和过氧化物催化剂。催化剂在现代化学工业中占有极其重要的地位，例如，合成氨生产采用铁系催化剂；硫酸生产采用钒系催化剂；乙烯的聚合以及丁二烯制橡胶等三大合成材料的生产中，都采用不同的催化剂。

催化反应有四个基本特征，对了解催化剂的功能很重要。

1. 催化剂只能加速热力学理论上可以进行的反应。要求开发新的化学反应催化剂时，首先要对反应进行热力学分析，看它在热力学上是否可行。
2. 催化剂只能加速反应趋于平衡，不能改变反应的平衡位置（平衡常数）。
3. 催化剂对反应具有选择性，当反应可能有不同方向时，催化剂仅加速其中一种，促进反应速率和选择性是统一的。
4. 催化剂的寿命。催化剂能改变化学反应速率，其自身并不成为反应物，在理想情况下催化剂不为反应所改变。但在实际反应过程中，催化剂长期受热和化学作用，也会发生一些不可逆的物理、化学变化。

根据催化剂的定义和特征分析，有三种重要的催化剂指标：活性、选择性、稳定性（寿命）。

制备催化剂的每一种方法，实际上都是由一系列的操作单元组合而成。为了方便，人们把其中关键而具特色的操作单元的名称定为制造方法的名称。传统的方法有机械混合法、沉淀法、浸渍法、溶液蒸干法、热熔融法、浸溶法（沥滤法）、离子交换法等，目前发展的新方法有化学键合法、纤维化法等。

固体催化剂一般由活性组分、助催化剂和载体组成，每个成分的作用不一样。

活性组分是催化剂的核心组分，主要作用是提高反应速度和提高反应选择性，有些催化剂的活性成分是在催化剂使用前经过活化处理而形成的，如氮气和氢气合成氨使用的铁系催化剂，使用前把氧化铁通过氢气还原成单质铁后才具有活性。

助催化剂是加入到催化剂中的少量物质，是催化剂的辅助成分，其本身没有活性或者活性很小，但是它们加入到催化剂中后，可以改变催化剂的化学组成、化学结构、离子价态、酸碱性、晶格结构、表面结构、孔结构、分散状态、机械强度等，从而提高催化剂的活性、选择性、稳定性（寿命）。

目前，生产苯乙烯的方法有乙苯催化脱氢法、乙苯氧化脱氢法、乙苯氧化还原脱水法和乙苯与丙烯共氧化法等，乙苯催化脱氢法由美国陶氏化学公司首次开发成功，是当今生产苯乙烯的主要方法，市场上约90%的苯乙烯通过该法制得。目前，国内苯乙烯装置采用的乙苯催化脱氢主要有 Fina/Badger 工艺、Lummus/UOP 工艺、BASF 工艺和国内自主开发的负压绝热技术，乙苯催化脱氢的技术关键是选择高活性和高选择性的催化剂。经过多年改进和发展，乙苯催化脱氢催化剂已由初期使用的锌系、镁系催化剂逐步被综合性能更优异的铁系催化剂所取代，铁系催化剂是以氧化铁为主要活性组分、氧化钾为主要助催化剂。

三、实验步骤

催化剂的制备流程如图 4-21-1 所示。

1. 使用电子天平称取铁盐 0.1mol、氢氧化钠 0.3mol。
2. 将氢氧化钠缓慢溶入到 100mL 蒸馏水中，因为溶解时会放出大量热量，需要缓慢溶解。将称取好的铁盐一次性溶入到 100mL 蒸馏水中。
3. 安装电动搅拌机，将配置好的氢氧化钠溶液缓慢滴加入铁盐溶液中，搅拌，得到含有氢氧化铁的沉淀。
4. 将氢氧化铁沉淀进行抽滤，洗涤沉淀，再抽滤，直至洗涤干净，得到氢氧化铁。加入 5mL 的 KOH 饱和溶液，混合均匀后挤压成型，放入 105℃ 干燥箱烘干，得到催化剂前驱体。
5. 干燥后的催化剂前驱体再放入马弗炉中在 500℃ 下煅烧 4 小时，取出即可。

图 4-21-1　催化剂制备流程图

四、思考题

1. 催化剂的制备方法主要有哪些，沉淀法制备催化剂的优缺点是什么？
2. 乙苯脱氢铁系催化剂沉淀法制备时应如何选择原料，沉淀的原理是什么，为什么对氢氧化铁沉淀要洗涤干净？
3. 催化剂一般由哪些成分构成，其各自作用是什么？

拓 / 展 / 阅 / 读

从20世纪20年代至今，国外催化剂公司如Sud-Chemie催化剂公司、巴斯夫公司和日本旭化成公司等对催化剂颗粒形状、催化剂颗粒中钾的分布以及加强催化剂中铁、钾离子间相互作用等做了大量的研究，催化剂性能大大提高。国内中国石油化工股份有限公司（以下简称"中国石化"）的研发实力最强，先后申请多项乙苯脱氢催化剂专利，对我国苯乙烯产能的提高作出了重大贡献。

目前我国乙苯脱氢催化剂的市场竞争格局呈现三足鼎立的局面，即德国南方化学集团、德国巴斯夫和中国石化3家。中国石化的苯乙烯生产装置基本实现了催化剂的国产化，90%的苯乙烯生产装置都使用中国石化的乙苯脱氢催化剂，而中国石油的苯乙烯生产装置主要使用德国南方化学集团和美国标准催化剂公司的乙苯脱氢催化剂。

实验22 乙苯脱氢制苯乙烯

一、实验目的

1. 了解苯乙烯制备过程，设计合理工艺流程，并安装好实验装置。
2. 掌握检查实验装置漏气的方法。
3. 学会稳定操作条件的方法，正确取好数据，并计算其结果，如空速、转化率、产率及收率。
4. 学会使用温度控制和流量控制的一般仪表、仪器。
5. 做出反应温度对转化率、选择性、收率的影响曲线图。

二、实验原理

乙苯脱氢主反应

$$\text{C}_6\text{H}_5\text{CH}_2\text{CH}_3 \xrightarrow{\text{催化剂}} \text{C}_6\text{H}_5\text{CH}=\text{CH}_2 + \text{H}_2 \quad \Delta H_{298K} = 115 \text{kJ/mol}$$

除生产苯乙烯外，还有以下副反应

$$\text{C}_6\text{H}_5\text{CH}_2\text{CH}_3 \longrightarrow \text{C}_6\text{H}_6 + \text{CH}_2=\text{CH}_2$$

$$\text{C}_6\text{H}_5\text{CH}_2\text{CH}_3 + \text{H}_2 \longrightarrow \text{C}_6\text{H}_6 + \text{CH}_3\text{CH}_3$$

另外，在有水蒸气存在的条件下还会发生下列转化反应

$$C_6H_5CH_2CH_3 + 2H_2O \longrightarrow C_6H_5CH_3 + CO_2 + 3H_2$$

此外，还会发生芳烃缩合、苯乙烯聚合及轻度裂解等副反应，生成焦油、炭。

影响本实验的因素：

1. 温度 乙苯脱氢反应为吸热反应，$\Delta H^\theta > 0$，从平衡常数与温度的关系式 $\left(\dfrac{\partial \ln K_p}{\partial T}\right)_p = \dfrac{\Delta H^\ominus}{\partial T_2}$ 可知，提高反应温度，可增大平衡常数，从而提高脱氢反应的平衡转化率。但是，温度过高会导致副反应增加，使苯乙烯选择性下降，能耗增大，设备材质要求增加，所以本实验温度一般控制在 540~600℃。

2. 压力 乙苯脱氢为增加体积的反应，降低压力有利于平衡向脱氢方向移动，实验通常使用水蒸气作稀释剂以降低乙苯的分压，提高平衡转化率。另外，水蒸气的加入还可向脱氢反应提供部分热量，使反应温度比较稳定；可以使反应产物迅速脱离催化剂表面，有利于反应向苯乙烯方向移动；也能有利于烧掉催化剂表面的积炭。但水蒸气增大到一定程度后，对转化率的提高并不显著，因此较适宜的用量为：水：乙苯＝8：1（摩尔分数）或 1.5：1（体积分数）。

3. 空速 乙苯脱氢反应系统中有平行副反应和连串副反应，随着接触时间的增加副反应也增加，产物苯乙烯的选择性可能下降，催化剂的最佳活性与适宜的空速及反应温度有关，本实验所用催化剂为铁系催化剂，乙苯的液空速以 $0.6h^{-1}$ 为宜。

本实验脱氢催化剂采用氧化铁系催化剂，其组成为 Fe_2O_3-CuO-K_2O-Cr_2O_5-CeO_2。

三、实验装置

装置实物见图 4-22-1，绘制的流程图见图 4-22-2。

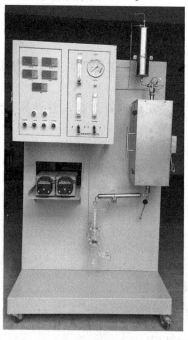

图 4-22-1 固定床反应器实验装置实物照片

流程介绍：两个加料罐，一个进水，一个进乙苯，分别由加料泵将原料直接送入预热器内，在预热器内进行混合及预热，达到预热温度后，反应物料经管道流入反应器进行反应。反应器上四个热电偶分别检测反应器内上段、中段、下段及外部保温层的温度。中段属于反应段，中段与下段间放置有漏网以截留催化剂，并且用以测量催化剂层高。反应完成后，反应物料经过冷凝器由自来水逆向冷却、分离，冷却不了的气体进入湿计流量计，液体进入油水分离器，油水分离后，油称重并取样分析。

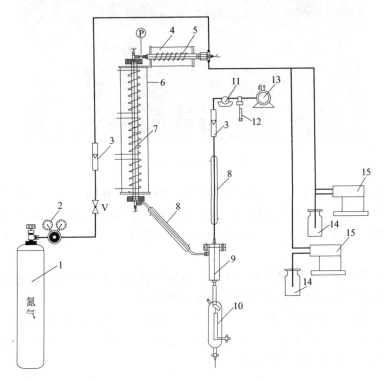

图 4-22-2　固定床反应器实验装置流程图

P—压力计；V—截止阀；

1—钢瓶；2—减压阀；3—转子流量计；4—预热炉；5—预热器；6—反应炉；
7—反应管；8—冷凝器；9—气液分离器；10—油水分离器；11—六通阀；
12—取样器；13—湿式流量计；14—加料罐；15—加料泵

控制版面上的"预热"温度即是设定的物料预热温度，"上段""中段""下段"分别表示反应管各段设定的加热温度，"测温"表示反应的实际温度（图 4-22-3）。

四、实验步骤

1. 反应条件控制：

预热温度 300℃，脱氢反应温度 540～600℃，水：乙苯＝1.5：1（体积比）。相当于乙苯加料 0.5mL/min，蒸馏水 0.75mL/min 左右。

2. 实验操作：

（1）催化剂的填装。拆开下口接头，将反应器从炉上方拉出，卸出原装填物，用丙酮或乙醇清洗干净后吹干，连接好下口接头，插入测温套管、催化剂支撑管及不锈钢支撑网，放

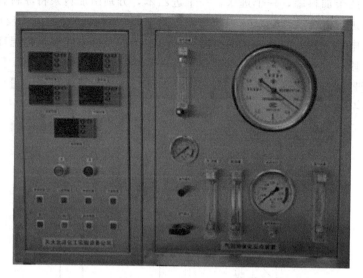

图 4-22-3 控制版面图

少许耐高温硅酸铝棉或者加入少量粗粒惰性物体,再填入催化剂。注意:装催化剂时,要将套管放在反应器中心位置。催化剂使用量根据床层高度装填。最后将上部接头的测温套管安装好,拧紧小螺帽,使测温管不会移动,再卸开下部接头,插入热电偶,连接好上下口接头。

(2) 检查电路与测温热电偶线路是否位置与标识相符,无误后可进行管路试漏。(注意:第一次全流程管路试漏,此后仅对反应器进行试漏即可。)

(3) 气密性检验。充氮后,压力至 0.1MPa,保持数分钟,如果压力计指针不下降为合格,可开始升温操作,如有下降,可通过涂拭肥皂水检查各处是否有气泡。如有漏点,可用扳手拧紧后再试,直至压力不下降为止。

(4) 开车。

① 仪表通电,待各仪表初始化完成后,在各仪表上设定控制温度,汽化室温度(预热温度)设定为 300℃,中段温度控制值为实验温度(540℃、560℃、580℃、600℃)。

② 接通电源,打开汽化室加热开关,汽化室逐步升温,并打开冷却器的冷却水。

③ 当汽化温度达到 300℃,反应温度达 400℃左右开始加入蒸馏水,校正水流量为 0.75mL/min。

④ 当反应器内温度升至 540℃左右并稳定后,开始加入乙苯,流量控制为 0.5mL/min,并使之稳定半小时,将油水分离罐内的料液排出。

⑤ 之后,记下乙苯加料管内起始体积。

⑥ 物料在反应器内反应 50min,产品液从油水分离器中放入量筒内静置分层,然后用分液漏斗分去水层,称出烃液重量;并记录此时乙苯体积,算出加入反应器的乙苯体积和重量,停止乙苯进料。

⑦ 取少量烃液层样品,用液相色谱分析组成,并计算各组分的百分含量。

⑧ 改变反应器控制温度为 560℃,继续升温,当反应器温度升至 560℃左右并稳定后,重复上述步骤,测得 560℃下的有关实验数据。

⑨ 重复实验,测得 580℃、600℃下的有关实验数据。

(5) 停车。当操作结束时,停止加乙苯原料。反应温度维持在 500℃ 左右,继续通水蒸气,进行催化剂的清焦再生,约半小时后停止通水蒸气,停止各反应器加热,实验装置降温到 300℃ 以下,可切断电源,切断冷却水。

(6) 注意。实验过程中不能离人,因为气液分离器和油水分离器内的液体达到一定液位要及时排出。

反应器控温是依靠插在电炉中的热电偶传感器传导毫伏信号而进行的。这时因它在加热区内,温度要比反应器内温度高许多,调整温度给定值,才可达床内反应温度要求,要经过数次测试可找到最佳温度给定值。如不理想,检查热电偶位置是否合适。

泵使用前要在齿轮槽内注入机油,仔细检查并连接好泵的进料管和出料管,使用前要排净泵头内的气体,不然泵无法进行进液。

五、实验数据记录

表 4-22-1 原始记录样表

室温:_____ ; 大气压:_____ 。

反应时间/min	温度/℃		原料加入量/(mL/min)				烃液层重量/g
	预热段	反应段	乙苯		水		
			始	终	始	终	

表 4-22-2 产品分析结果样表

脱氢温度/℃	原料乙苯重量/g	脱氢液重量/g			
		苯	甲苯	乙苯	苯乙烯
540					
560					
580					
600					

六、实验数据处理

$$乙苯转化率 = \frac{原料中乙苯量 - 产物中乙苯量}{原料中乙苯量(g)} \times 100\%$$

$$苯乙烯选择性 = \frac{生成苯乙烯量(mol)}{反应掉乙苯量(mol)} \times 100\%$$

苯乙烯收率 = 转化率 × 选择性

绘出转化率、选择性、收率随脱氢温度变化的曲线,找出最适宜的反应温度区。

七、思考题

1. 乙苯脱氢生成苯乙烯反应是吸热还是放热反应,如何判断?如果是吸热反应,则反应温度应如何选择?

2. 对本反应而言,是体积增大还是减小的反应,加压有利还是减压有利,工业上是如何来实现减压操作的?本实验采用什么方法,为什么加入水蒸气可以降低烃分压,可以用自来水吗？

3. 空速的定义是什么？一般而言，降低空速对反应转化率，选择性和收率有何影响？
4. 乙苯脱氢为什么要用到催化剂，催化剂的主要作用是什么？

拓 / 展 / 阅 / 读

苯乙烯生产工业化初期使用的锌系、镁系催化剂很快被综合性能良好的铁系催化剂所替代，并沿用至今。目前，苯乙烯制造技术已经相当成熟，几乎所有的苯乙烯生产装置都采用了低阻降的新型反应器、负压脱氢工艺和能量的综合利用等技术措施，使苯乙烯生产的物耗和能耗降低到了极限水平，因此迫切需要开发新的苯乙烯生产工艺。华东理工大学开发出的轴径向反应器以及气-气快速混合技术达到同类装置国际先进水平，已在数套苯乙烯生产装置上应用，打破了国外技术的垄断，已建装置占目前全国运行装置的1/3，在建装置占全国新增的50%以上。上海石油化工研究院、华东理工大学及上海医药设计院（中石化上海工程公司）合作开发了乙苯负压脱氢制苯乙烯成套工艺技术，并应用于多套新建装置建设。茂名石化公司对苯乙烯装置改造时，成功应用了国内开发的TJH型脉冲规整填料及高效塔内件技术，该填料可在一盘填料内实现气液的多次脉冲，强化规整填料内气液湍动，大幅度提高了分离效率，装置处理能力显著提高。

实验 23　乙苯脱氢产物的高效液相色谱分析

一、实验目的

1. 了解高效液相色谱分析的基本原理。
2. 了解高效液相色谱仪的基本构成单元和各单元的作用。
3. 了解高效液相色谱分析的定量分析基础，掌握外标法和内标法进行定量分析的基本原理和应用场合。

二、实验原理

（一）分离原理

色谱分析是流动相载着样品在固定相上的分离过程，分气相色谱和液相色谱两大类。气相色谱的流动相是气体，固定相可以是固体，也可以是液体，分别称为气固色谱和气液色谱。在气相色谱的各类分析技术中，根据分析柱种类不同分为填充柱气相色谱、毛细管柱气相色谱；根据柱温分类，有等温气相色谱法和程序升温气相色谱法。气相色谱分离原理通常是吸附和分配平衡原理。流动相是液体的统称为液相色谱，经典的纸层析、薄板层析、柱层析都属于液相色谱范畴，现代的液相色谱具有流动相高压输送、分离效率高和分离速度快的特点，称为高压液相色谱、高效液相色谱或高速液相色谱，简称 HPLC。其分离原理是被分离组分在流动相和固定相之间进行的一种连续多次的交换过程,它是借被分离组分在两相间分配系数、亲和力、吸附能力、离子交换能力或分子大小不同引起的排阻作用的差别使样品中的不同成分实现分离。根据液相色谱的分离原理分类,有分配色谱、吸附色谱、离子色谱和凝胶色谱等。

乙苯脱氢产物的高效液相色谱分析是将产物(含乙苯、苯乙烯、甲苯、苯等)靠流动相的洗脱在色谱柱(固定相)上实现分离,分配系数小的组分(分配系数 $K = \dfrac{\text{组分在固定相中的浓度}}{\text{组分在流动相的浓度}}$)先被洗脱,出峰保留时间小,分配系数大的组分后被洗脱,出峰时间长,从而实现分离。被分离的组分按先后顺序通过紫外可见分光检测器(根据产物具有紫外吸收的特点)被检测,转变为电信号后在色谱工作站上记录峰的位置(保留时间)和大小(峰面积),进行定性和定量计算。

(二) 内标、外标面积定量分析方法的理论依据

色谱分析的定量分析方法主要有带校正因子的面积归一法(当被分离的各组分为同系物,且各组分都能出峰时,其校正因子近似相等,可采用面积归一法)、内标定量法和外标定量法。

1. 内标法

准确称取样品,加入一定量某纯物质作为内标物,然后进行色谱分析,根据被测组分和内标物在色谱图上相应的峰面积(或峰高)和相对校正因子,求出某组分的含量,因为 $\dfrac{G_i}{G_0} = \dfrac{A_i f_i}{A_0 f_0}$,所以

$$G_i = \dfrac{A_i f_i G_0}{A_0 f_0} \tag{4-23-1}$$

$$G_i = \dfrac{G_i}{G_m} \times 100\% = \dfrac{A_i f_i G_0}{A_0 f_0 G_m} \times 100\% \tag{4-23-2}$$

式中 G_0、G_m、G_i——分别为内标、样品和组分重量;

  A_0、A_i——内标,组分各自峰面积;

  f_0、f_i——内标,组分各自重量校正因子,通常取 $f_0 = 1$。

$$G_i = \dfrac{A_i f_i G_0}{A_0 G_m} \tag{4-23-3}$$

简化内标法,将式(4-23-1)可写成

$$\dfrac{A_i}{A_0} = \dfrac{f_0}{f_i} \cdot \dfrac{G_i}{G_0} = k' \dfrac{G_i}{G_0}$$

得到以 $\dfrac{G_i}{G_0}$ 对 A_i/A_0 为过原点的直线,其斜率为 k',若每个样品加入的内标物相等,得

$$\dfrac{A_i}{A_0} = k'' G_i \tag{4-23-4}$$

内标法的适应范围:混合物组分不能完全流出的样品,检测器不能对所有组分都有响应,分离不完全的样品而只需测定某几个能分离组分。

内标法的要求:内标物必须是待测组分中不存在的,内标峰与试样中的所有组分峰能彻底分开,内标峰应尽量与被测峰接近,内标加入量也应接近被测组分量。

简化内标法是工厂经常用的一种方法,其优点是不必知道校正因子,也消除了外标法进样量要求相当精确、操作条件要求严格控制的制约。

2. 外标法

将待测组分的纯物质配制成不同浓度的标准溶液，使浓度与待测组分的浓度相近，然后取固定量的上述溶液进行色谱分析，得到标准样品对应的色谱图，以峰面积（峰高）对标准样品量（浓度）做图，得标准曲线（外标曲线）。分析样品，在前述完全相同的色谱条件下，进与标准样品同样量的试样，测得该试样的响应信号后，由标准曲线即可查出待测试样的量（浓度）。

外标法的优点是：定量直观，但操作条件要求一致，进样量要求精确，标准曲线需要经常更换（重新制作标准曲线）。

三、实验仪器和试剂

1. 各组成单元的作用（图 4-23-1）。

（1）载液　作流动相用，一般由一混合溶液组分构成，本实验用体积比为 65∶35 的甲醇∶水作流动相，水为二次蒸馏水，甲醇为分析纯或色谱纯。

（2）泵　输送流动相之用，严格计量，流量设定在 1mL/min 左右。

（3）进样器　有自动进样器和手动进样器（六通阀）之分，用于进样。

（4）色谱分离柱　色谱仪的心脏，样品组分在此实现分离，选择 VP-ODS 柱或 C_{18} 柱。

（5）检测器　使被分离组分在此被检出，液相色谱检测器通常有示差折元检测器（RID）、紫外可见分光光度检测器（UV）、荧光检测器（RF）、电导检测器（CD）、电化学检测器（ECD）等，根据不同样品的性质，选取不同的检测器，本实验选择 UV 检测器。

（6）色谱工作站　将被检测器检测到的不同物理信号转变为电信号（MV），记录峰的位置与大小。

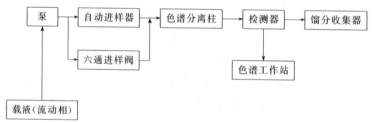

图 4-23-1　高效液相色谱流程图

2. 所用仪器与试剂。

仪器：带紫外可见分光光度检测器、色谱工作站的高效液相色谱仪；超声波清洗器；电子分析天平；各种玻璃仪器（容量瓶、量筒等）。

试剂：甲醇（分析纯）；乙苯、苯乙烯、甲苯、苯（均为分析纯）；超纯水。

四、实验步骤

高效液相色谱仪的构造如图 4-23-2 所示，其实物图见图 4-23-3。

1. 配制样品及标准溶液。样品按照苯∶甲苯∶乙苯∶苯乙烯＝0.1∶0.1∶1.0∶0.5 的比例配制。清洗实验所需的玻璃仪器，包括烧杯、容量瓶、移液管等，使用前要对容量瓶进行检漏，并在 80~105℃下烘干后备用。然后对甲醇溶液进行抽滤和超声，除去杂质和气泡。由于使用的是反相液相色谱，即流动相的极性大于固定相，溶剂一般用极性较大的甲醇溶液（分析纯）。最后在关闭门窗、室温恒定的情况下，按上述比例准确称取试样，数据记录精确到小数点后四位，并迅速向烧杯中加入少量甲醇溶剂以防止组分挥发。将称取的四个样品转移至容量瓶中,再用甲醇定容。定容时液体液面距离容量瓶标线 1cm 左右时改用滴管缓慢滴加,最后使混合溶液的凹液面与标线正好相切,盖紧瓶塞,倒转和摇动,使混合溶液均匀。贴好标签,然后用移液管移取一定量的溶液进行稀释,配制三个不同浓度的混合样品,贴好标签。

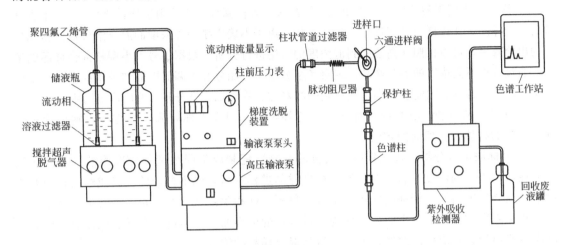

图 4-23-2　高效液相色谱仪构造图

图 4-23-3　高效液相色谱仪实物图

2. 液相色谱开机。启动电脑,从上往下打开液相色谱各模块前左下方的电源开关,双击电脑桌面联机图标,进入 LC 化学工作站。

3. 用分析纯的纯甲醇清洗流路,流量 1mL/min,平衡色谱柱(30min)。

4. 配制流动相。甲醇：水(体积比)为 65：35,超声脱气和过滤,存在气泡会增加基线噪声,严重时会造成分析灵敏度下降,而无法进行分析,流动相中存在颗粒状物会堵塞管道和柱。

5. 设定色谱条件。需提前查找文献，暂定需要设置的参数，之后再根据实验结果进行调整，主要条件是流动相的组成和配比以及吸收波长，紫外吸收波长应对四种物质都有适当的吸收。本次实验的紫外吸收波长为205nm，流动相组成和配比是保障被测组分峰分离的关键。

6. 洗针。先用甲醇溶剂洗，再用混合样品洗，等待基线平稳后用进样针吸取20uL不含气泡的混合样品，在进样口迅速进样，进行分析。由于不确定哪一种浓度的混合溶液可以得到较好的出峰效果，可以按照从高浓度到低浓度的顺序进行分析，根据信号大小调整混合样品的浓度。通过分析不同浓度的混合样品，观察各组分峰是否能分开以调节甲醇和纯水的比例，不同吸收波长影响各峰的响应值大小，使得到的峰对称、峰与峰完全分开、峰的高度适中。

7. 进行定性分析。在样品中加入某一已知组分，观察进样后哪个峰变高，则可确定该峰所对应的物质，保留时间定性。

8. 外标法定量分析。首先将待测组分的纯物质配制成不同浓度的标准溶液，标准溶液浓度在待测组分的浓度左右，对配制的标准样品进样分析，测出各峰的峰高或峰面积与对应的浓度绘制标准曲线，标准曲线进行拟合，得到线性相关系数（线性相关系数由电脑给出），线性相关系数在0.999以上时，可作为定量分析的标准曲线。再进混合样品根据混合样品的峰高或峰面积，对应标准曲线，就可以得到混合样品的浓度。

五、实验数据记录

以外标法分析乙苯脱氢产物中乙苯和苯乙烯的百分含量。

1. 标准溶液的配制。

称取一定量标样乙苯和苯乙烯于25mL容量瓶中，用甲醇定容，再用1mL移液管从25mL容量瓶中取出0.80mL放入10mL容量瓶用甲醇定容，然后用同样的方法分别用移液管从原液中取出0.40mL、0.20mL、0.13mL、0.1mL放入不同的10mL容量瓶，就得到稀释了12.5、25、50、75、100倍的标准样品。

2. 样品溶液的配制。

将苯、甲苯、乙苯、苯乙烯按照0.1∶0.1∶1.0∶0.5的比例称取适量样品放入25mL容量瓶用甲醇定容。然后用移液管移取2mL放入100mL容量瓶用甲醇定容。

六、实验数据处理

1. 进样结果。

表 4-23-1　实验数据记录样表

浓度	峰面积			
	苯	甲苯	乙苯	苯乙烯
12.5倍				
25倍				
50倍				
75倍				
100倍				

2. 定性结果。

混合样品的高效液相色谱图如图 4-23-4 所示。

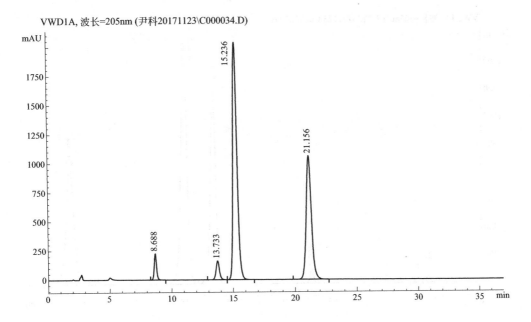

图 4-23-4 混合样品的高效液相色谱图

第一个峰发生变化,确定第一个峰是苯(图 4-23-5)。

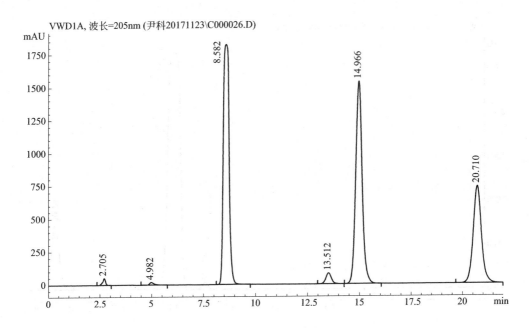

图 4-23-5 加入少量苯的高效液相色谱图

第二个峰发生变化,确定第二个峰是甲苯(图 4-23-6)。

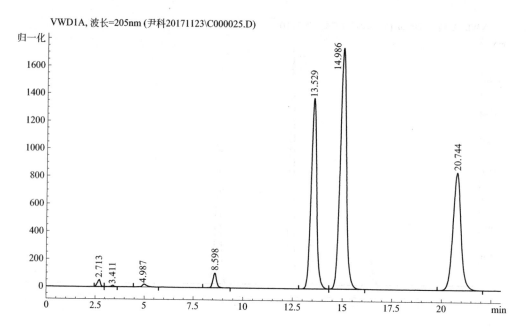

图 4-23-6　加入少量甲苯的高效液相色谱图

第三个峰发生变化，确定第三个峰为乙苯（图 4-23-7）。

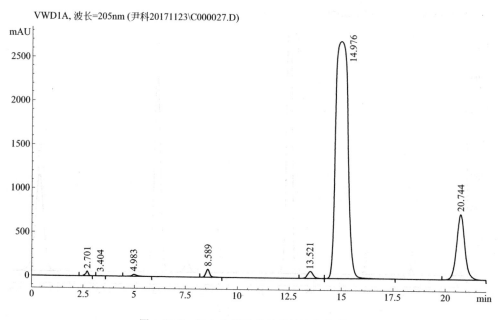

图 4-23-7　加入少量乙苯的高效液相色谱图

于是，由实验结果可知出峰顺序为：苯、甲苯、乙苯、苯乙烯。

3. 定量结果。

(1) 做标准曲线图（以苯为例）　浓度对峰面积做图，相关系数达到 0.9998，拟合度良好（图 4-23-8）。

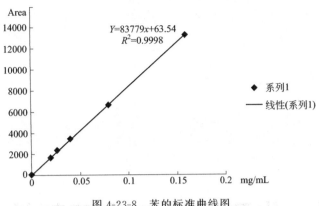

图 4-23-8 苯的标准曲线图

(2) 计算样品中乙苯和苯乙烯的量 根据被分析样品的峰面积,分别制作四组样品的标准曲线,查出各物质对应的浓度。

七、思考题

1. 外标法和内标法的优缺点是什么,什么情况下适应外标法?
2. 液相色谱的分离原理有哪些,怎么选择液相色谱检测器?
3. 影响液相色谱分离的主要因素是什么,对紫外可见分光检测器而言影响物质响应值大小的主要因素是什么?
4. 什么是一点外标法,一点外标法对标样和样品浓度有什么要求,为什么?

拓 / 展 / 阅 / 读

色谱法是一种新型分离分析技术,主要依靠分析物质在不同的两相之间具有不同的分配系数(或溶解度),当两相作相对运动时,被分析物质在两相作反复多次的分配,以使那些分配系数只有微小差异的组分产生相当大的分离效率,从而使不同组分得到完全分离。其中固定不动的相称为固定相,均匀移动的相称为移动相。

第五章 化工开发与化工新技术实验

实验 24 流体力学性能测定

一、实验目的

1. 了解填料塔的基本构造和操作方法。
2. 掌握填料塔流体力学性能的表示方法及填料层压降的测定技术。

二、实验原理

在逆流操作的填料塔内,液体从塔顶喷淋下来,依靠重力作用在填料表面成膜状向下流动,液膜与填料表面的摩擦及液膜与上升气体的摩擦构成了液膜流动阻力,形成了填料层压降。很显然,填料层压降与液体喷淋量及气速有关,在一定的气速下,液体喷淋量越大,填料层压降越大;在一定的液体喷淋量下,气速越大,填料层压降也越大。将不同液体喷淋量下的单位高度填料层压降 $\Delta p/Z$ 与空塔气速 u 的关系标绘在对数坐标纸上,可得到如图 5-24-1 所示的曲线簇。

图中,直线 0 表示无液体喷淋($L=0$)时干填料的 $\Delta p/Z$-u 关系,称为干填料压降线。曲线 1、2、3 表示不同液体喷淋量下,填料层的 $\Delta p/Z$-u 关系,称为填料操作压降线。

从图中可看出,在一定的液体喷淋量下,填料层压降随空塔气速的变化曲线大致可分为三段:当气速低于 A 点时,气体流动对液膜的曳力很小,液体流动不受气流的影响,填料表面上覆盖的液膜厚度基本不变,因而填料层的持液量不变,该区域称为恒持液量区。此时 $\Delta p/Z$-u 为一直线,位于干填料压降线的左侧,且基本上与干填料压降线平行。当气速超过 A 点时,气体对液膜的曳力较大,对液膜流动产生阻滞作用,使液膜增厚,填料层的持液量随气速的增加而增大,此现象称拦液。开始发生拦液现象时的空塔气速称为载点气速,曲线上的转折点 A 称为载点。若气速继续增大,到达图中 B 点时,由于液体不能顺利下流,使填料层的持液量不断增大,填料层内几乎充满液体,气速增加很小便会引起压降的剧增,此现象称为液泛,开始发生液泛现象时的气速称为泛点气速,以 u_F 表示,曲线上的点 B 称为泛点。从载点到泛点的区域称为载液区,泛点以上的区域称为液泛区。

实验中,固定液体喷淋密度,改变气速,读取测压段高度 Z 内的压降值,即可获得单位高度填料层压降 $\Delta p/Z$ 与空塔气速 u 的关系曲线,由该曲线可确定载点和泛点。

应予指出,在同样的气液负荷下,不同填料的 $\Delta p/Z$-u 关系曲线有所差异,但其基本形状相近。对于某些填料,载点与泛点并不明显,故上述三个区域间无明显的界限。

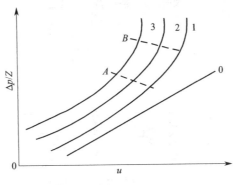

图 5-24-1 $\Delta p/Z$-u 关系曲线

三、实验装置与流程

本实验的基本流程与主体设备如图 5-24-2 所示,采用水-空气系统进行实验数据测定,实验中有效填料层高度为 2m,填料塔内径为 300mm,填料可在 ϕ25mm 塑料扁环、ϕ25mm 阶梯环或 25mm 矩鞍环等填料中自行选择装填,亦可采用波纹丝网或螺旋宝塔型等其他填料进行实验。

四、实验步骤

1. 检查系统的各阀门是否处于关闭状态,将系统的各阀门关闭。
2. 开启采集与控制系统。
3. 打开水槽进水阀,向水槽内供水。
4. 打开填料塔底部排水主管路的出水阀。
5. 开启水泵电源开关,调节填料塔进水阀,将液体流量计调节到最大开度,使填料层充分润湿 5min。
6. 按预先制定的实验方案,调节填料塔进水阀,将液体流量调节到实验需要值。
7. 开启鼓风机电源开关。
8. 调节填料塔进气阀,按预先制定的实验方案,将气体流量调节到实验需要值。
9. 调节填料塔底部排水主管路的出水阀,观察填料塔的液面计,维持液位在液面计的约 1/2 高度处。
10. 稳定 10~15min 后,开始采集、读取实验数据。
11. 采集、读取实验数据完成后,调节填料塔进气阀,改变气速,重复步骤 8~10 的测试过程。
12. 实验过程中,要注意观察填料层的压降值,若气速变化很小,而填料层的压降值急

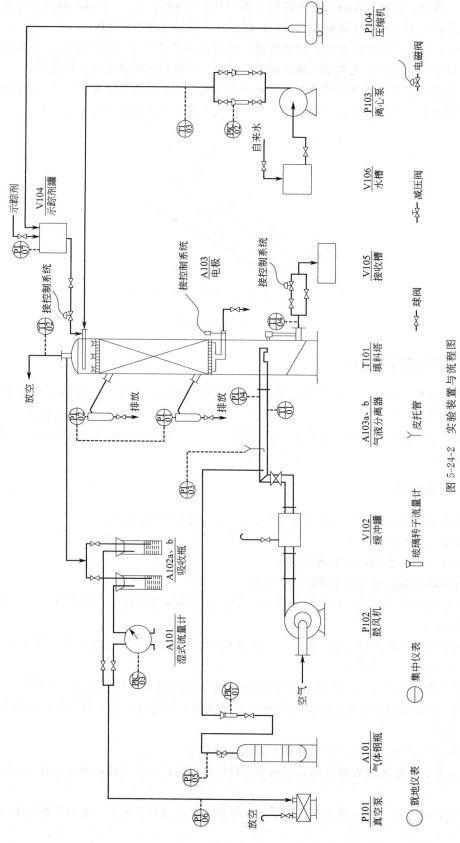

图 5-24-2 实验装置与流程图
TI—测温传感器；PI—标准压力表

剧上升，表明填料层已开始液泛，在液泛点以上应取 1~2 个实验点。在液泛点以上进行实验时，稳定时间要短，读取数据要快。

13. 在同一液体流量下，应选取 6 个以上气速。然后，改变液体流量，重复步骤 6~12 的测试过程。对于一种塔填料，其流体力学性能测定可选取 0、12、20、40、60 几个液体喷淋密度（学生实验选 2~3 个液体喷淋密度）。

五、实验数据记录

1. 绘制 $\Delta p/Z\text{-}u$ 关系曲线

由实验数据，可绘制出单位高度填料层压降 $\Delta p/Z$ 与空塔气速 u 的关系曲线图，如图 5-24-1 所示。

2. 确定泛点气速 u_F 和泛点压降 $\Delta p_F/Z$

由 $\Delta p/Z\text{-}u$ 关系曲线图确定泛点，并读取泛点气速和泛点压降值，列于表 5-24-1。

表 5-24-1 填料的泛点气速和泛点压降

液体喷淋密度 $U/[\mathrm{m^3/(m^2 \cdot h)}]$					
泛点气速 $u_F/(\mathrm{m/s})$					
泛点压降 $\Delta p_F/Z/(\mathrm{Pa/m})$					

六、实验数据处理

计算填料因子

采用 Eckert 通用压降关联图，计算出填料的泛点填料因子 ϕ_F 和压降填料因子 ϕ_p，计算结果列于表 5-24-2。

表 5-24-2 填料因子 ϕ_F、ϕ_p

泛点填料因子 ϕ_F					
压降填料因子 ϕ_p					

泛点填料因子 ϕ_F 和压降填料因子 ϕ_p 通常关联成以下形式

$$\lg\phi_F = A_F + B_F \lg U \tag{5-24-1}$$

$$\lg\phi_p = A_p + B_p \lg U \tag{5-24-2}$$

式中　　　　U——液体喷淋密度，$\mathrm{m^3/(m^2 \cdot h)}$；

A_F、B_F、A_p、B_p——关联式常数。

七、注意事项

1. 注意观察液体流量计的转子，出现波动及时调节，以维持液体流量的稳定。
2. 注意观察填料塔的液面计，维持液位在液面计的约 1/2 高度处。出现波动及时调节，既要有一定的液位形成液封，又要防止液位过高，液体流入气体系统。
3. 注意观察水槽的液位，以防止水泵抽空或水从水槽溢出。

八、思考题

1. 填料吸收塔底为何必须有液封装置，本实验中如何进行液封？
2. 何谓"载点"，何谓"泛点"，工业操作中的填料塔，其空塔气速应控制在什么范围？

3. 干填料（$L=0$ 时）层的压降可采用哪个经验方程进行表示或估算？

拓 / 展 / 阅 / 读

环流反应器（loop reactor，LR）是近年来作为化学反应器和生化反应器而发展起来的一种新型高效气液反应器，适合于气-液、液-液、气-液-固之间的均相和非均相反应，被广泛地应用于石油化工、生物化工、冶金、环保及煤的加氢液化等许多领域。它综合了鼓泡塔和机械搅拌釜的优点，具有气含率高、传质速率快、气液混合好、结构简单和能耗低等优良特性。

实验 25　填料塔中填料持液量测定

一、实验目的

1. 了解填料塔的基本构造和操作方法。
2. 掌握填料塔持液量的表示方法及持液量的测定技术。

二、实验原理

填料塔的持液量是指在一定操作条件下，单位体积填料层内，在填料表面和填料空隙中所积存的液体的体积量，一般以 m^3 液体$/m^3$ 填料表示。一般来说，适当的持液量对填料塔的操作稳定性和传质是有益的，但持液量过大，将减少填料层的空隙和气相流通截面，使压降增大，处理能力下降。

持液量可分为静持液量 H_S、动持液量 H_o 和总持液量 H_t。总持液量为动持液量和静持液量之和，即

$$H_t = H_o + H_S \tag{5-25-1}$$

总持液量是指在一定操作条件下存留于填料层中的液体总量。动持液量是指填料塔停止气液两相进料，并经适当时间的排液，直至无滴液时排出的液体量，它与填料、液体特性及气液负荷相关。静持液量是指当填料被充分润湿后，停止气液两相进料，并经适当时间的排液，直至无滴液时存留于填料层的液体量。静持液量只取决于填料和流体的特性，与气液负荷无关。

持液量的测定通常测定动持液量。实验中，固定液体喷淋密度，改变气速，在一定操作条件下进行实验。当稳定后，同时停止气液两相进料，并经适当时间的排液，直至无滴液，计量排出液体的量，即可获得填料层动持液量与气速的关系。

三、实验装置与流程

本实验的基本流程和主体设备与实验 24 相同，如图 5-24-2 所示。

实验系统的介质为空气-水，实验中填料塔的内径为 300mm，有效塔高为 2.0m。实验时，可采用 $\phi 25mm$ 塑料扁环、阶梯环，25mm 金属矩鞍环，$\phi 25mm$ 宝塔螺旋填料等非规

整型填料和波纹网丝规整型填料进行数据测定。

四、实验步骤

1. 检查系统的各阀门是否处于关闭状态,将系统的各阀门关闭。
2. 开启采集与控制系统。
3. 打开水槽进水阀,向水槽内供水。
4. 打开填料塔底部排水主管路的出水阀。
5. 开启水泵电源开关,调节填料塔进水阀,将液体流量计调节到最大开度,使填料层充分润湿 5min。
6. 按预先制定的实验方案,调节填料塔进水阀,将液体流量调节到实验需要值。
7. 开启鼓风机电源开关。
8. 调节填料塔进气阀,按预先制定的实验方案,将气体流量调节到实验需要值。
9. 调节填料塔底部排水主管路的出水阀,观察填料塔的液面计,维持液位在液面计的约 1/2 高度处。
10. 稳定 10~15min 后,开始采集、读取实验数据。打开连接排液电磁阀管路的出水阀,同时关闭排水主管路的出水阀。
11. 准确标记液面计的液位高度,并同时关闭排液电磁阀、鼓风机电源、水泵电源。
12. 经过适当时间(一般取 20min)后,打开填料塔底部排水主管路的出水阀,排出液体至液面计的标记处,计量排出液体的量。
13. 重新启动实验装置,调节填料塔进气阀,改变气速,重复步骤 8~12 的测试过程。
14. 实验过程中,要注意观察填料层的压降值,若气速变化很小,而填料层的压降值急剧上升,表明填料层已开始液泛,在液泛点以上应取 1~2 个实验点。在液泛点以上进行实验时,稳定时间要短,读取数据要快。
15. 在同一液体流量下,应选取 6 个以上不同气速值。然后,改变液体流量,重复步骤 6~14 的测试过程。对于同一种塔填料,其持液量的测定可选取 6、15、30、45m³/(m²·h) 几个液体喷淋密度(学生实验时,可选 2~3 个液体喷淋密度)。

五、实验数据处理

1. 绘制 H_o-G 关系曲线。

由实验数据,可绘制出持液量 H_o 与气体质量速度 G 的关系曲线图,如图 5-25-1 所示。

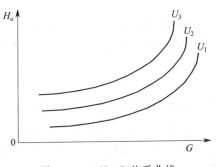

图 5-25-1　H_o-G 关系曲线

2. H_o-G、U 关系。

持液量 H_o 与气体质量速度 G、液体喷淋密度 U 的关系通常关联成以下形式

$$H_o = AG^m U^n \tag{5-25-2}$$

式中 G——气体质量速度,kg/(m² · h);
  U——液体喷淋密度,m³/(m² · h);
A、m、n——关联式常数。

六、注意事项

1. 注意观察液体流量计的转子,出现波动及时调节,以维持液体流量的稳定。
2. 注意观察填料塔的液面计,维持液位在液面计的约 1/2 高度处。出现波动及时调节,既要有一定的液位形成液封,又要防止液位过高,液体流入气体系统。
3. 注意观察水槽的液位,以防止水泵抽空或水从水槽溢出。

七、思考题

1. 如何测定填料的静持液量,试进行实验设计。填料的静持液量的大小与哪些主要因素有关?
2. 一定操作条件下,动持液量的大小说明什么问题?

拓 / 展 / 阅 / 读

填料塔作为一种气液分离设备被广泛应用于生物、环境、化学等领域,填料塔的内部构件以及操作流程是塔技术的发展关键,填料作为填料塔的核心部件,填料的性能直接决定填料塔的流体传输性能。目前,国内外已将大型高效的填料塔改进工作作为发展的方向,并且在填料塔的设备完善以及产品的质量、品质方面取得了卓越的成就,填料塔优良的特性将不断被探索与开发,为今后填料塔的长足发展奠定坚实的基础。

实验 26 流化床二甲苯氨氧化制苯二甲腈

一、实验目的

1. 初步了解流化床反应器的原理和结构,熟悉流化床反应器的基本操作和控制步骤。
2. 了解二甲苯氨氧化制苯二甲腈的工艺流程,以及在流化床反应器上是如何实现的。

二、实验原理

气固相催化反应流化床是一种在反应器内由气流作用使催化剂细粒子上下翻滚作剧烈运动的床型。它的换热效果比固定床优越,能及时把反应热移走,床层温度均匀,避免产物过热现象,提高了催化剂的反应效率。故流化床在许多有机反应中得到应用,如丙烯氨氧化制丙烯腈、丁烷或苯氧化制顺酐、二甲苯或萘氧化制苯酐、乙烯氯化、石油催化裂化、烷烃催化脱氢、二氧化硫氧化等都有工业规模生产。

由于流化床使用的催化剂颗粒尺寸、性质、密度对流化质量影响很大,因此,本装置专门设计了与不锈钢流化床相同尺寸的玻璃流化床,在冷态下找出较好的流化操作条件,供热态下稳定操作。

装置采用双控制系统,仪表框上有转子流量计、压力计,通过阀门的开启可手动控制;另一路可通过质量流量计自动控制流量。自动控制床内有上、中、下三段加热,并能将所有数据通过计算机进行采集,最后显示在计算机屏幕上,同时还可以在计算机上控制各段温度。

装置的预热采用两条通路,并留有进液口,尾气采用冷凝结晶器和冷凝气液分离器两种形式,需要时自行组合,十分方便。

三、实验装置、流程与试剂

1. 实验流程(图 5-26-1)。

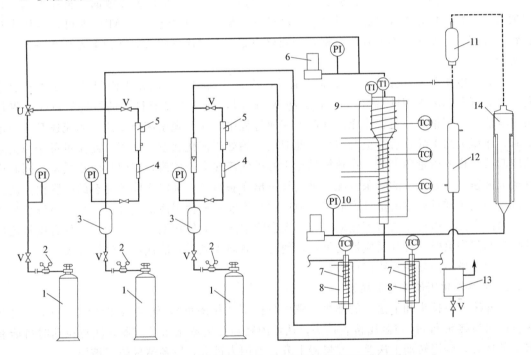

图 5-26-1 气固相催化反应流化床实验装置流程示意图
TCI—控温传感器;TI—测温传感器;U—三通阀门;PI—标准压力表;
1—钢瓶;2—减压阀;3—缓冲罐;4—过滤罐;5—质量流量计;6—压力传感器;7—预热器;8—预热炉;
9—流化反应器;10—反应加热炉;11—结晶器;12—冷凝器;13—产物捕集器;14—玻璃流化床反应器

2. 技术参数。

(1) 流量:NH_3 0~250L/h,0~4L/min;Air 0~1000L/h,0~20L/min;

(2) 操作压力:0~0.04MPa;

(3) 催化剂填装量:50~100mL(密度 0.5~1.5g/mL);

(4) 使用温度:预热器 0~300℃;反应器 300~600℃;

(5) 液体加料量:0~100mL/h;

(6) 预热器:ϕ14mm,长 300mm;

反应器反应段:内 ϕ32mm,长 450mm,总长 700mm;

扩大段:ϕ89mm,长 250mm;

(7) 结晶器夹套：$\phi 89mm$，内 $\phi 55mm$，长 $320mm$；
(8) 气液分离器：外 $\phi 63mm$，长 $360mm$。

四、实验步骤

（一）实验前准备工作

1. 玻璃流化床的催化剂填装与实验操作

玻璃流化床下部有烧结玻璃分配板，可直接装入催化剂，为了与热模相近，故应添加 150mL 的惰性瓷环，瓷环上部再添加玻璃棉，最后插入挡板。倒入一定量催化剂，催化剂的颗粒应在 60~120 目之间，最好有一定粒度分布，下推过滤器，将橡胶塞压紧。在气体入口处用塑料软管连接，并将床入口的接头卸下来，松开两预热器的出口螺帽，把入口接头转动 90°，后用二通接头连接，注意此时应加上硅橡胶垫片，防止伤害接触面。将压力测定口用软管连接好。接好进气管路，从 N_2 入口进气，试漏，压力在 0.02MPa 即可，卡住出口管路，观察压力变化，不下降为合格，否则要用肥皂水拭涂各接头，找出漏点后再进行下一步实验。

开启总电源开关，打开质量流量计电源，检查管路中质流流路中阀门是否处于开启方向，此后打开 Air 或 NH_3 进气阀门，关闭 N_2 阀门，调节质量流量计的给定值旋钮，慢慢给定其值，并观察床层是否流化。在改变流速过程中，注意观察床压变化，当流速升至一定值时，床压突然下降，后再上升缓慢，此时已开始处于流化状态，注意：此流量可作为实际反应起始流化的流量参考值。在热模操作中必须使流速大于该值，以保证流化质量，同时亦可增大流速，观察床层的膨胀情况，可用尺量出膨胀高度，确定实际流化态的膨胀比。质量流量计的使用详见质量流量计说明书，但应注意不能随意使用清洗挡开关，因为清洗挡是使控制阀门全开，由于床内有催化剂，气流大会吹空床层的催化剂，造成危害，只有质量流量计控制阀门失灵时，打开反应器的下口，使进口通向大气，才能使用清洗挡开关。

使用完毕后恢复各管路接口。

2. 金属流化床的催化剂填装

松开床入口接头和下法兰的螺栓（螺栓只松下几扣即可），转动两法兰使之卸下。打开法兰的出口接头和 N_2 口测压接管接头，从炉内轻轻拉出流化床反应器，注意拉动时可能有卡紧的地方，轻轻转动上法兰，并慢慢上升，勿用力过大，以免造成炉瓦破裂。

卸下反应器的上盖，填装 150mL 瓷环，之后填加玻璃棉约 5~6mm，插入挡板和热电偶套管。倒入 80~100mL 催化剂后再将法兰盖从热电偶套管内插入，并上紧螺栓，接好出口，再通气试漏。试漏方法如下：关闭出口阀门，通入 N_2 或 Air 至 0.04MPa。关闭进口阀，观察压力表，不下降为合格。

在特定条件下安装玻璃结晶器，此时用塑料软管或乳胶管接出口，再用弹簧夹卡死管路，观察有无漏气现象。但连接此结晶器一定要小心，不能用力过猛，否则易损坏此装置。试漏中注意液体泵加料口不应发生逆漏，否则不易用肥皂水试出漏点。试漏合格后可以正式通气调节质量流量计，使读数超过流化速度值，但不能超过很多。

（二）升温与温度控制

升温前必须检查热电偶和加热电路接线是否正确，无误后开启加热开关，分别打开床上段、床下段、床扩大段、预热器的电热开关，此时控制仪表有温度数值显示。顺时针方向调节电流给定旋钮，电流表有电流指示表明已开始加热。开始升温时应注意下列电流值：床上段电流值不大于2A；床下段电流值不大于1.5A；床扩大段电流值不大于1A；预热器1、2电流值不大于1A；之后根据升温速度适当调整床下段和床上段电流及温度给定值。温度控制的数值给定要按仪表的∧、∨键，在仪表的下部显示出设定值。温度控制仪的使用详见说明书（AI人工智能工业调节器说明书），不允许不了解使用方法就进行操作。反应加热炉是三段加热，每段温度给定并不相同，一般是床下段设定温度高些。当给定值和参数值都给定后控制效果不佳时，可将控温仪表参数 CTRL 改为 2 再次进行自整定。自整定需要一定时间，温度经过上升、下降、再上升、再下降，类似位式调节，很快就达到稳定值。

注意：反应器温度控制是靠插在加热炉内的热电偶感知其温度后传送给仪表去执行的，它紧靠加热炉丝，其值要比反应器内高，反应器的测温热偶是插在反应器的催化剂床层内，故给定值必须微微高些。预热器的热电偶直接插在预热器内，用此温度控温，温度不要太高，对液体进料来说能使它气化即可。值得指出的是在操作中给定电流不能过大，过大会造成加热炉丝的热量来不及传给反应器，因过热烧毁炉丝！

床层温度会随流速的变化而变化，故调节温度一定要在固定的流速下进行。注意：当温度达到恒定值后要拉动测温热电偶，观察温度的轴向分布情况。此时，由于在流化状况下床层高度膨胀，在这个区域内的温差不大，超过这个区域则温度明显下降。以恒温区的长度可大致获得流化床的浓相段高度。如果测出温度数据在床的底部偏低，说明惰性物的填装高度不够高，或预热温度不够高，提高预热温度或增加惰性物的填表高度都能改善。由于进气法兰和管路有较大散热倾向，故在操作中最好是将此处保温。最后将热电偶放至恒温区内。

当达到所要求的反应温度时，可开动泵进液，同时观察床内温度变化。

操作中由计算机采集温度、压力、流量值，其操作方法见数采软件说明。

（三）冷凝器和气液分离器的使用

考虑到装置操作的可变性，所以在反应器出口安排了多种方式。

1. 有结晶的产物分离

可以使用不锈钢或玻璃结晶捕集器。玻璃结晶捕集器有许多优点，它能观察到捕集情况，但在使用过程中要注意仔细连接和不能在进尾气后再通水，必须在升温的同时就通水。

2. 无结晶的产物分离

将冷凝器接在出口下部与气液分离器连接，产物经结晶器而从冷凝器直接进入分离器。

（四）停车

将电流调节旋钮反转使电流为零，关闭加热电源，使反应器降温后再关闭其他电源。

五、实验注意事项

（一）注意事项

1. 必须熟悉仪器的使用方法。
2. 升温操作一定要有耐心，不能忽高忽低、乱改乱动。
3. 流量要随时观察及时调节，否则温度也不容易稳定。
4. 长期不使用时，应将装置放在干燥通风的地方。如果再次使用，一定要在低电流下通电加热一段时间，以除去加热炉保温材料吸附的水分。

(二) 故障处理

1. 开启电源开关指示灯不亮，并且没有交流接触器吸合声，则保险坏或电源线没有接好。
2. 开启仪表各开关时指示灯不亮，并且没有继电器吸合声，则分保险坏或接线有脱落的地方。
3. 开启电源开关有强烈的交流震动声，则是接触器接触不良，应反复按动开关可消除。
4. 仪表正常但电流表没有指示，可能保险坏，或固态变压器或固态继电器坏。
5. 控温仪表、显示仪表出现四位数字，则说明热电偶有断路现象。
6. 反应系统压力突然下降，则有大泄漏点，应停车检查。

六、思考题

1. 影响流化反应的因素有哪些，怎么判断流化状态的好坏？
2. 反应转化率、产物收率的高低如何进行判断和计算。

拓 / 展 / 阅 / 读

传统工业中的流化床通常规模较大，床直径从 1m 到 10m 不等，而实验室规模的用于基础研究的流化床通常直径在 10~50cm 之间。微型流化床（micro-fluidized bed，MFB）于 2005 年首次提出并进行研究，通常指内部直径几毫米（通常小于 20mm），在壁面与流化系统之间有大的接触表面积的流化床。相比传统流化床，MFB 在实际应用中有独特的优势，如放热反应中超高速的散热，易获得等温条件；在低流速时有较高的表面气速；反应器的操作稳定性提高；易于安装和运输，节约空间。这些优势使得微型流化床在复杂反应分析和实际应用中扮演着重要的角色。

实验 27 螺旋通道型旋转床（RBHC）超重力法制备纳米碳酸钙

一、实验目的

1. 了解利用离心力场作用强化传质的原理和旋转床的特点。
2. 测定 RBHC 的转速-气速与液量的关系；理解 RBHC 旋转床气液传质-反应过程的原理和特点。
3. 了解 RBHC 旋转床制备纳米碳酸钙工艺的流程及操作。

二、实验原理

由于离心力场的离心加速度 a 远远大于重力加速度 g，因此可以利用离心力场的作用极大地强化传质过程和传质-反应过程,利用这种超重力场的作用的技术又称为超重力技术。

旋转填充床(rotating packed bed,RPB)是 20 世纪 70 年代末 80 年代初提出的新型的强化传质的设备,起初这种装置又称为 Higee 装置。它是利用旋转产生的强大的离心力来强化传质-反应过程,具有传质系数大(传质系数可以达到传统传质装置的 2~3 个数量级)、生产能力大、停留时间短的优点。自 Higee 装置诞生以来,此类超重力装置已被广泛应用于吸收、解吸等过程。近年来,这种超重力装置(旋转填充床,RPB)又作为反应器被应用于反应沉淀过程制备超细或纳米粉体材料,我国现已在国际上率先研究开发出超重力法制备纳米碳酸钙的技术,并建成了首条 3000t/a 超重力反应沉淀法合成纳米碳酸钙粉体的工业示范生产线。因此,超重力技术将对 21 世纪的化学工业等过程工业产生重要影响。

其基本原理:由于旋转转速的加大,离心力随之增大,所以 a/g 值也随之加大。

转速 ω 增大,离心加速度 a 增大,a/g 比值增大,即超重力水平增大;

转速 ω 增大,由于 $k_L \propto \omega$,所以传质系数 k_L 增大,从而强化传质过程。对于气液反应过程,特别是反应速度快的气液反应过程,具有特别明显的强化作用。

螺旋通道型旋转床(rotating bed with helix channels,RBHC)是湘潭大学化工系在 20 世纪 80 年代中期研究开发出的强化传质和传质-反应的设备,具有螺旋线形的通道,不装填填料,不会不易堵塞的优点。目前已经用螺旋通道型旋转床研究开发出了制备纳米碳酸钙、纳米碳酸锶、纳米碳酸钡等的技术。以此为技术平台,还可以研究开发出一系列的超重力技术和超重力反应技术及新型的超重力反应器装置。

三、实验装置

螺旋通道型旋转床(RBHC)超重力反应装置核心是旋转的转子上开数条阿基米德螺旋线形的通道,液体从顶部进入,经液体分布器进入螺旋通道内,气-液两相在转子

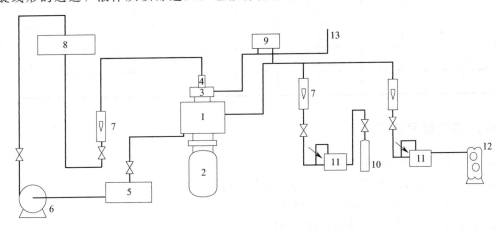

图 5-27-1 实验装置

1—螺旋通道型旋转床;2—调速电机;3—气液分离器;4—喷射式进水管;5—水槽;
6—离心泵;7—转子流量计;8—高位液槽;9—二氧化碳浓度测量仪;
10—二氧化碳钢瓶;11—缓冲罐;12—风机;13—排气口

高速旋转产生的超重力场下进行反应,产物从液体出料口排出,气体从气相出口管道排出(图 5-27-1)。

四、实验步骤

1. 熟悉实验装置及流程,了解各部分的作用。
2. 检查气路系统,开风机之前检查罗茨风机旁路阀门是否开启,以免风机过载,检查转子流量计阀门是否关闭,以免风机开动转子突然高速上升将流量计玻璃面打坏。
3. 首先测定不同气速下的压差变化(液体流量、转速恒定)。
4. 测定不同转速下的压差变化(气速、液体流量不变)。
5. 实验后,先关泵,后关气,防止设备和管道内进水。
6. 配制一定量的石灰水或石灰乳液,注入水槽中。
7. 开启旋转床,开启液料水泵,通入 CO_2 气体,控制流量。
8. 记录 pH 值变化。
9. 当 pH 值等于 7.0 时即停止反应,记录反应时间。
10. 过滤反应沉淀物,干燥即得到碳酸钙粉末产品。

五、实验数据记录

表 5-27-1 实验原始数据记录样表

反应时间	液体流量 /(m³/h)	空气流量 /(m³/h)	压差 /mmH$_2$O	转速 /(r/min)	气量/(m³/h)		pH 值	备注
					CO$_2$	SO$_2$		

六、实验数据处理

1. 实验表格列出实验原始数据。
2. 画出 pH-t_R 关系曲线,列出反应时间与转速的关系表。
3. 描述和讨论实验中观察到的各种现象。
4. 测定碳酸钙粉末的粒径分布和 SEM。

七、思考题

1. 螺旋通道型旋转床(RBHC)有何特点?
2. 对装置有何改进意见?

3. 如何才能制备出纳米碳酸钙产品？

拓 / 展 / 阅 / 读

2021年底从石油化工研究院获悉，中国石油在辽阳石化1000t/a超重力低温硫酸烷基化工业示范装置上开展的工业侧线试验取得圆满成功。这是我国自主研发的超重力技术首次应用于炼油主力工艺单元，在拓宽原料渠道、提高质量和降低投资成本上独具优势。超重力反应分离成套技术由石油化工研究院自主研发，兰州寰球工程公司完成工业设计。此次试验结果显示，超重力大型反应器在强化瞬时混合、瞬时撤热上特点突出，有效增强了主反应的选择性，相同原料下生产的烷基化油辛烷值（RON）最高可达99，接近理论极限，比国内外同类技术高2～4个辛烷值，酸耗同比降低40%左右，烯烃转化率99.5%以上。试验证明，新技术还适用于混合碳四加工，产品辛烷值（RON）达98左右，这为碳四高值化利用、拓宽烷基化油原料范围，也为企业调和国Ⅵ汽油减少对MTBE和醚化汽油的依赖提供了新的路线选择。

多年来，石化院致力于炼化过程强化技术应用研究，已在多套工业装置体现绿色低碳特色。中国工程院陈建峰院士亲赴试验现场调研指导时指出，这是中国石油重大专项"生产基础化工原料和特色产品的炼化新技术开发"取得的最新攻关成果，是通过学科交叉、集成创新实现对传统技术的新突破，必将在我国炼化转型升级和国ⅥB汽油升级中发挥建设性作用。

实验28　分子蒸馏提取DHA与EPA

分子蒸馏是一项较新的尚未广泛应用于工业化生产的分离技术，能解决大量常规蒸馏技术所不能解决的问题。分子蒸馏是一种特殊的液-液分离技术，能在极高真空度下操作，它根据分子运动平均自由程的差别，能使液体在远低于其沸点的温度下将其分离，特别适用于高沸点、热敏性及易氧化物系的分离。由于其具有蒸馏温度低于物料的沸点、蒸馏压强低、受热时间短、分离程度高等特点，因而能大大降低高沸点物料的分离成本，极好地保护了热敏物料的特征品质。该项技术用于天然保健品的提取，可摆脱化学处理方法的束缚，真正保持了纯天然的特性，使保健产品的质量迈上一个新台阶。

深海鱼油中富含的全顺式高度不饱和脂肪酸二十碳五烯酸（简称EPA）、二十二碳六烯酸（简称DHA）具有很好的生理活性。研究表明，EPA、DHA对胎儿的健康成长、心血管疾病的防治、老年人的抗衰老都有积极的作用，被认为是很有潜力的天然药物、营养保健品和功能食品。从深海鱼油中分离EPA、DHA的传统方法有尿素包合沉淀法和冷冻法。本实验用分子蒸馏法分离纯化EPA、DHA。

一、实验目的

1. 通过实验了解分子蒸馏的原理和特点。
2. 熟悉分子蒸馏设备的构造,掌握分子蒸馏操作方法。

二、实验原理

(一) 原理

利用平均分子自由程差异分离出大分子量与小分子量的物质。

1. 分子运动平均自由程。

任一分子在运动过程中都在不断变化自由程,在某时间间隔内自由程的平均值为平均自由程。设 V_m 为某一分子的平均速度,f 为碰撞频率,λ_m 为平均自由程。

因为, $\quad\quad\quad\quad\quad\quad\quad \lambda = V/f$

所以, $\quad\quad\quad\quad\quad\quad\quad f = V/\lambda$

由热力学原理可知,

$$f = \frac{2^{\frac{1}{2}} V_m \pi D^2 p}{kT} \quad\quad\quad (5\text{-}28\text{-}1)$$

式中 D——分子有效直径,cm;
$\quad\quad p$——分子所处空间的压强,Pa;
$\quad\quad T$——分子所处环境的温度,℃;
$\quad\quad k$——波尔兹曼常数,J/K。

则

$$\lambda_m = \frac{kT}{2^{\frac{1}{2}} \pi D^2 p} \quad\quad\quad (5\text{-}28\text{-}2)$$

2. 分子运动平均自由程的分布规律

分子运动自由程的分布规律可表示为

$$F = 1 - e^{-\lambda/\lambda_m} \quad\quad\quad (5\text{-}28\text{-}3)$$

式中 F——自由程小于或等于 λ 的概率;
$\quad\quad \lambda$——分子运动自由程;
$\quad\quad \lambda_m$——分子运动的平均自由程。

由公式可以得出,对于一群相同状态下的运动分子,其自由程等于或大于平均自由程 λ_m 的概率为 $1 - F = e^{-\lambda/\lambda} = e^{-1} = 36.8\%$。

3. 分子蒸馏的基本原理。

由分子运动平均自由程的公式可以看出,不同种类的分子,由于其分子有效直径不同,其平均自由程也不相同,换句话说,不同种类的分子逸出液面后不与其他分子碰撞的飞行距离是不相同的。

分子蒸馏技术正是利用不同种类分子逸出液面后平均自由程不同的性质实现的。轻分子的平均自由程大,重分子的平均自由程小,若在离液面小于轻分子的平均自由程而大于重分子平均自由程处设置一冷凝面,使得轻分子落在冷凝面上被冷凝,而重分子因达不到冷凝面而返回原来液面,这样混合物就分离了。

(二) 分子蒸馏的特点

1. 分子蒸馏的操作温度。由分子蒸馏原理得知,混合物的分离并不需要沸腾,所以分子蒸馏是在远低于沸点的温度下进行操作的。这点与常规蒸馏有本质的区别。

2. 蒸馏压强低。由于分子蒸馏装置独特的结构形式,其内部压降极小,可以获得很高的真空度,因此分子蒸馏是在很低的压强下进行操作,一般为 10^{-1} Pa 数量级 (10^{-3} 托数量级)。

从以上两个特点可知,分子蒸馏一般是在远低于常规蒸馏温度的情况下进行操作的。一般常规真空蒸馏或真空精馏由于在沸腾状态下操作,其蒸发温度比分子蒸馏高得多。加之其塔板或填料的阻力,比分子蒸馏大得多,所以其操作温度比分子蒸馏高得多。如某混合物在真空蒸馏时的操作温度为 260℃,而在分子蒸馏中仅为 150℃。

3. 受热时间短。由分子蒸馏原理可知,加热的液面与冷凝面间的距离要求小于轻分子的平均自由程,而由液面逸出的轻分子,几乎未经碰撞就到达冷凝面,所以受热时间很短。另外,混合液体呈薄膜状,使液面与加热面的面积几乎相等,这样物料在蒸馏过程中受热时间就变得更短。对真空蒸馏而言,受热时间为 1h,而分子蒸馏仅为十几秒。

4. 分离程度更高。分子蒸馏能分离常规蒸馏不易分开的物质。分子蒸馏的相对挥发度

$$\alpha_\tau = \frac{p_1}{p_2} \cdot \frac{M_2}{M_1} \cdot \frac{1}{2}$$

式中　M_1——轻组分分子量;
　　　M_2——重组分分子量。而常规蒸馏时的相对挥发度,$\alpha = p_1/p_2$。在 p_1/p_2 相同的情况下,重组分的分子量 M_2 比轻组分的分子量 M_1 大,所以 α_τ 比 α 大。这就表明同种混合液分子蒸馏较常规蒸馏更易分离。

分子蒸馏的特点决定了它在实际应用中较传统技术有以下明显的优势。

① 由于分子蒸馏真空度高,操作温度低且受热时间短,对于高沸点和热敏性及易氧化物料的分离,有常规方法不可比拟的优点,能极好地保证物料的天然品质,可被广泛应用于天然物质的提取。

② 分子蒸馏不仅能有效地去除液体中的低分子物质(如有机溶剂、臭味等),而且有选择地蒸出目的产物,去除其他杂质,因此被视为天然品质的保护者和回归者。

③ 分子蒸馏能实现传统分离方法无法实现的物理过程,因此,在一些高价值物料的分离上被广泛作为脱臭、脱色及提纯的手段。

三、实验装置、流程与试剂

分子蒸馏流程为物料从蒸发器的顶部加入,经转子上的料液分布器将其连续均匀地分布在加热面上,随即刮膜器将料液刮成一层极薄、呈湍流状的液膜,并以螺旋状向下推进。在此过程中,从加热面上逸出的轻分子,经过短的路线和几乎未经碰撞就到内置冷凝器上冷凝成液,并沿冷凝器管流下,通过位于蒸发器底部的出料管排出;残液即重分子在加热区下的

圆形通道中收集，再通过侧面的出料管中流出（图 5-28-1）。

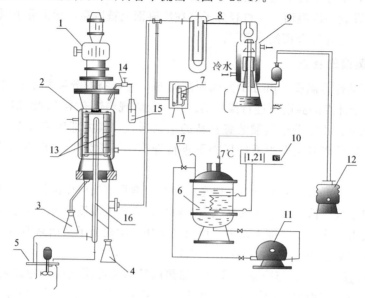

图 5-28-1　分子蒸馏装置图

1—变速机组；2—刮膜蒸发器缸；3—重组分接收瓶；4—轻组分接收瓶；5—恒温水泵；6—导热油炉；
7—旋转真空计；8—液氮冷阱；9—油扩散泵；10—导热油控温计；11—热油泵；12—前级真空泵；
13—刮膜转子；14—进料阀；15—原料瓶；16—冷凝柱；17—旁路阀

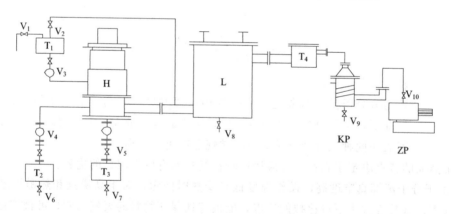

图 5-28-2　乱膜式分子蒸馏实验装置图

T_1—原料罐；T_2—蒸余物贮缺罐；T_3—蒸出物贮缺罐；T_4—冷阱罐；
H—分子蒸馏器；L—冷却器；KP—扩散泵；ZP—真空泵；$V_1 \sim V_{10}$—阀门。

实验试剂：饲料用精制鱼油，食用酒精，无水乙醇（分析纯），乙醇钠（化学纯），NaCl（食用级）；

仪器：气相色谱仪（GC-14A 型，日本岛津生产），玻璃分子蒸馏器。

实验流程见图 5-28-2 所示。

四、实验步骤

1. 原料鱼油的脱酸。

用玻璃分子蒸馏器，在柱温 180℃、真空度 0.5Pa 下进行，脱酸蒸馏两次，测定脱酸前后鱼油的酸值。

准确称取 1g 精制鱼油,放入 250mL 锥形瓶中,水浴加热。向溶液加 1mL 酚酞指示剂(0.5%的酚酞乙醇溶液),用 0.5mol/L KOH-乙醇溶液在快速搅拌下滴定。终点时粉红色至少保持 10s。则

$$A_t = 56.1 c_{KOH} V / M \tag{5-28-4}$$

式中 A_t——酸值,mg(KOH)/g;
c_{KOH}——KOH 摩尔浓度,mol/L;
V——KOH 体积,mL;
M——样品质量,g。

2. 制备鱼油脂肪酸乙酯。

将脱酸鱼油同含有鱼油量 0.5% 乙醇钠的无水乙醇混合,两者间的重量比为 3:1,在物料温度 83℃ 下回流 1.5 小时,用磷酸中和催化剂碱,用 15% 的 NaCl 水溶液洗涤数次以除去反应形成的甘油,减压蒸馏去除物料的水分,抽滤除去反应物料中可能含有的固状废渣,得到橙红色鱼油脂肪酸乙酯,计算收率,测定 EPA、DHA 乙酯含量。

3. EPA、DHA 乙酯的分离提纯。

在柱温 120℃,0.5Pa 进行蒸馏,得到样品蒸余物样 A_2,样品 A_2 在 130℃、0.5Pa 进行蒸馏,得到样品 B_2,样品 B_2 在 140℃、0.5Pa 下蒸馏二次,得到蒸余物为样品 C_2,分别测定 A_2、B_2、C_2,的 EPA、DHA 乙酯含量。

4. EPA、DHA 乙酯的纯度分析。

色谱条件:Silicone OV-17 柱,30m×3.2mm,柱温 230℃,检测器 FID,温度 260℃,汽化室温度 260℃,载气 N_2 50mL/min,H_2 45mL/min,空气 500mL/min,进样量 1.0μL,确定 EPA、DHA 乙酯峰,按归一化方法确定其含量。

五、实验数据处理

表 5-28-1 实验数据记录样表

样品	样品收率	样品 EPA、DHA
A_2		
B_2		
C_2		

六、思考题

1. 什么是分子蒸馏?
2. 影响分子蒸馏效果的关键因素是什么?
3. 如何产生超高真空?
4. 分子蒸馏与传统的精馏工艺有什么不同?
5. 分子蒸馏与超临界流体萃取技术有什么不同?
6. 分子蒸馏技术可应用在哪些领域?

> **拓 / 展 / 阅 / 读**
>
> 分子蒸馏是一种特殊的液-液分离技术，该技术不同于传统蒸馏依靠沸点差分离的原理，而是靠不同物质分子运动平均自由程的差别实现分离。当液体混合物沿加热板流动并被加热，轻、重分子会逸出液面而进入气相，由于轻、重分子的自由程不同，不同物质的分子从液面逸出后移动距离不同若能恰当地设置一块冷凝板，则轻分子到达冷凝板被冷凝排出，而重分子不能到达冷凝板沿混合液排出，从而达到不同物质分离的目的。在沸腾的薄膜和冷凝面之间的压差是蒸汽流向的驱动力，微小的压力降就会引起蒸汽的流动。
>
> 分子蒸馏技术在其他方面的应用采用两级分子蒸馏从橘皮油中提取纯化柠檬烯得到轻组分为99%的a-柠檬烯。采用两级分子蒸馏提取米糠油中植物甾醇，植物甾醇含量从原料油的3.15%提高到61.37%采用分子蒸馏可从植物油中提取塑化剂，可富集微生物油脂中的花生四烯酸，还可纯化姜油。

实验29 超临界 CO_2 萃取中药挥发性成分

二氧化碳是一种很常见的气体，但是过多的二氧化碳会造成"温室效应"，因此充分利用二氧化碳具有重要意义。传统的二氧化碳利用技术主要是用于生产干冰（灭火用）或作为食品添加剂等。目前国内外正在致力于发展一种新型的二氧化碳利用技术——CO_2 超临界萃取技术。运用该技术可生产高附加值的产品，可提取过去用化学方法无法提取的物质，且廉价、无毒、安全、高效，适用于化工、医药、食品等工业。

二氧化碳在温度高于临界温度 $T_c=31.26℃$、压力高于临界压力 $p_c=7.2MPa$ 的状态下，性质会发生变化，其密度近于液体，黏度近于气体，扩散系数为液体的100倍，因而具有惊人的溶解能力。用它可溶解多种物质，然后提取其中的有效成分，具有广泛的应用前景。

传统提取物质中有效成分的方法，如水蒸气蒸馏法、减压蒸馏法、溶剂萃取法等，其工艺复杂、产品纯度不高，而且易残留有害物质。超临界流体萃取是一种新型的分离技术，它是利用流体在超临界状态时具有密度大、黏度小、扩散系数大等优良的传质特性而成功开发的。它具有提取率高、产品纯度好、流程简单、能耗低等优点。CO_2-SFE技术由于温度低、系统密闭、可大量保存对热不稳定及易氧化的挥发性成分，为中药挥发性成分的提取分离提供了目前最先进的方法。

一、实验目的

1. 通过实验了解超临界 CO_2 萃取的原理和特点。
2. 熟悉超临界萃取设备的构造，掌握超临界 CO_2 萃取中药挥发性成分的操作方法。

二、实验原理

(一) 超临界流体定义

任何一种物质都存在三种相态——气相、液相、固相。三相成平衡态共存的点叫三相点。液、气两相成平衡状态的点叫临界点。在临界点时的温度和压力称为临界压力。不同的物质其临界点所要求的压力和温度各不相同。

超临界流体（supercritical fluid，SCF）技术中的 SCF 是指温度和压力均高于临界点的流体，如二氧化碳、氨、乙烯、丙烷、丙烯、水等。高于临界温度和临界压力而接近临界点的状态称为超临界状态。处于超临界状态时，气液两相性质非常相近，以至无法分别，所以称之为 SCF。

目前研究较多的超临界流体是二氧化碳，因其具有无毒、不燃烧、对大部分物质不反应、价廉等优点。在超临界状态下，CO_2 流体兼有气液两相的双重特点，既具有与气体相当的高扩散系数和低黏度，又具有与液体相近的密度和物料良好的溶解能力。其密度对温度和压力变化十分敏感，且与溶解能力在一定压力范围内具有相关性，所以可通过控制温度和压力改变物质的溶解度。

(二) 超临界流体萃取的基本原理

超临界流体萃取分离过程是利用超临界流体的溶解能力与其密度的关系，即利用压力和温度对超临界流体溶解能力的影响而进行的。当气体处于超临界状态时，成为性质介于液体和气体之间的单一相态，具有和液体相近的密度，黏度虽高于气体但明显低于液体，扩散系数为液体的 10～100 倍。因此对物料有较好的渗透性和较强的溶解能力，能够将物料中目标成分提取出来。

在超临界状态下，将超临界流体与待分离的物质接触，使其有选择性地依次把极性大小、沸点高低和分子量大小的成分萃取出来。并且超临界流体的密度和介电常数随着密闭体系压力的增加而增加，极性增大，利用程序升压可将不同极性的成分进行分步提取。当然，对应各压力范围所得到的萃取物不可能是单一的，但可以通过控制条件得到最佳比例的混合成分，然后借助减压、升温的方法使超临界流体变成普通气体，被萃取物质则自动析出，从而达到分离提纯的目的，并将萃取分离两过程合为一体，这就是超临界流体萃取分离的基本原理。

1. 超临界 CO_2 的溶解能力。

超临界状态下，CO_2 对不同溶质的溶解能力差别很大，这与溶质的极性、沸点和分子量密切相关，一般来说有以下规律：

(1) 亲脂性、低沸点成分可在低压萃取（$10^4 Pa$），如挥发油、烃、酯等。
(2) 化合物的极性基团越多，越难萃取。
(3) 化合物的分子量越高，越难萃取。

2. 超临界 CO_2 的特点。

超临界 CO_2 成为目前最常用的萃取剂，它具有以下特点：

(1) CO_2 临界温度为 31.26℃，临界压力为 7.2MPa，临界条件容易达到。
(2) CO_2 化学性质不活泼，无色无味无毒，安全性好。
(3) 价格便宜，纯度高，容易获得。

因此，CO_2 特别适合天然产物有效成分的提取。

3. 超临界 CO_2 萃取的特点。

萃取和分离合二为一，当饱含溶解物的二氧化碳超临界流体流经分离器时，由于压力下降使得 CO_2 与萃取物迅速成为两相（气液分离）而立即分开，不存在物料的相变过程，不需回收溶剂，操作方便；不仅萃取效率高，而且能耗较少，节约成本。

压力和温度都可以成为调节萃取过程的参数。临界点附近，温度压力的微小变化，都会引起 CO_2 密度显著变化，从而引起待萃物的溶解度发生变化，可通过控制温度或压力的方法达到萃取目的。压力固定，改变温度可将物质分离；反之温度固定，降低压力使萃取物分离；因此工艺流程短、耗时少。对环境无污染，萃取流体可循环使用，真正实现生产过程绿色化。

萃取温度低，CO_2 的临界温度为 31.26℃，临界压力为 7.2MPa，可以有效地防止热敏性成分的氧化和逸散，完整保留生物活性，而且能把高沸点、低挥发度、易热解的物质在其沸点温度以下萃取出来。

临界 CO_2 流体常态下是气体，无毒，与萃取成分分离后，完全没有溶剂的残留，有效地避免了传统提取条件下溶剂毒性的残留。同时也防止了提取过程对人体的毒害和对环境的污染，100%纯天然。

超临界流体的极性可以改变，一定温度条件下，只要改变压力或加入适宜的夹带剂即可提取不同极性的物质，可选择范围广。

三、实验装置、流程与试剂

（一）实验原料和仪器

原材料：食品级 CO_2，食用酒精，中药材；

仪器：江苏南通 HA21-50-06 型超临界萃取装置。

HA21-50-06 型超临界萃取装置由下列部分组成：气瓶（用户自备）、制冷装置、温度控显系统、安全保护装置、携带剂罐、净化器、混合器、热交换器、贮罐、最大流量为 50L/h 的双柱塞泵（主泵），最大流量为 4L/h 的双柱塞泵（副泵），5L/50kPa、1L/50MPa 萃取缸、1L/30MPa、2L/30MPa 分离器、精馏柱、电控柜、阀门、管件及柜架等组成，具体流程见示意图（图 5-29-1）。

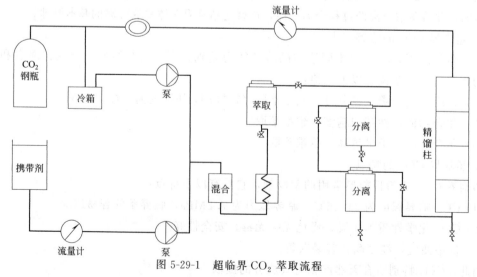

图 5-29-1 超临界 CO_2 萃取流程

(二) 实验方法

1. 开机前的准备工作。

(1) 首先检查电源、三相四线是否完好无缺。

(2) 冷冻机及贮罐的冷却水源是否畅通,冷箱内为30%乙二醇+70%水溶液。

(3) CO_2气瓶压力保证在5～6MPa的气压,且食品级纯度99.9%,净重≥22kg。

(4) 检查管路接头以及各连接部位是否牢靠。

(5) 将各热箱内加入去离子水(蒸馏水),不宜太满,离箱盖2cm左右,每次开机前都要查水位。

(6) 萃取原料装入料筒,原料不应填装太满,离过滤网2～3cm左右。

(7) 将料筒装入萃取缸,盖好压环及上堵头。

(8) 如果萃取液体物料或需加入夹带剂时,将液料放入夹带剂罐,可用泵压入萃取缸内。

(9) 萃取缸、分离器的探头孔内需加入一定量的甘油,以提高控温的准确性。

(10) 萃取缸,分离器、精馏柱加热时,萃取缸温度设定应比实际所需温度低一些,而分离器、精馏柱温度设定应比实际所需工作温度高一些。

2. 开机操作程序。

(1) 先打开空气开关,如三相电源指示灯都亮,则说明电源已接通,再起动电源的(绿色)按钮。

(2) 接通制冷开关。

(3) 开始加温,先将萃取缸Ⅰ或萃取Ⅱ、分离Ⅰ、分离Ⅱ的加热开关接通,将各自控温仪拨到设定位置,调整到各自所需的设定温度后,再拨到测温位置,萃取、预热器、分离Ⅰ、分离Ⅱ均有电压指示时,表明各相对应的水箱开始加热,接通贮罐水循环开关。如果精馏柱也参加整机循环时,还需打开与精馏相应的加热开关。

(4) 待冷冻机温度降到0℃左右,且萃取、预热、分离Ⅰ、分离Ⅱ、精馏柱温度接近设定的要求后,进行下列操作。

(5) 将阀门2,32,23,24,25,4(6)打开,其余阀门关闭,再打开气瓶阀门(气瓶压力应达5MPa以上),让CO_2气瓶气进入萃取缸,等压力平衡后,打开萃取缸放空阀门3或(阀门11),慢慢放掉残留的空气,降一部分压力后关好。

(6) 萃取缸可以并联使用,也可以交替使用,并联使用时,打开阀门5,阀门6,阀门4,阀门7;交替使用时,打开阀门4,阀门5,关闭阀门6,阀门7或打开阀门6,阀门7,关闭阀门4,阀门5。

(7) 加压力。先将电极点拨到需要的压力(下限),启动泵Ⅰ绿色按钮,再手按数位操作器中的绿色触摸开关RUN,如果反转时,按一下触摸开关FWD/PEV,如果流量过小时,手按触摸开关▲,泵转速加快,直至流量达到要求时松开,如果流量过大,可手按触摸开关▼,泵转速减少,直至流量降到要求时松开,数位操作器按键的详细说明,可参照变频器使用手册。当压力加到接近设定压力(提前1MPa左右),开始打开萃取缸后面的节流阀门,具体怎样调节,根据下面不同流向:

① 萃取缸→分离Ⅰ→分离Ⅱ→回路。

关闭阀门9,阀门10,阀门17,阀门20,打开阀门12,阀门16,调节阀门8可控制萃取缸的压力,微调阀门14可控制分离Ⅰ压力,调节阀门18可控制分离Ⅱ的压力。

② 萃取缸→分离Ⅰ→分离Ⅱ→精馏柱→回路。

关闭阀门9，阀门10，阀门18，打开阀门12阀门16，微调阀门8可控制萃取缸的压力，微调阀门14可控制分离Ⅰ的压力，微调阀门17可控制分离Ⅱ的压力，微调阀门20可控制精馏柱的压力。

③ 萃取缸→精馏柱→分离Ⅰ→分离Ⅱ→回路。

关闭阀门8阀门17阀门20，打开12阀门16，微调阀门9可控制萃取缸的压力，微调阀门10可控制精馏柱的压力，微调阀门14可控制分离Ⅰ的压力，微调阀门18可控制分离Ⅱ的压力。

（8）中途停泵时，只需按数位操作器上的STOP键。

（9）萃取完成后，关闭冷冻机，泵各种加热循环开关，再关闭总电源开关，萃取缸内压力放入后面分离器或精馏柱内，待萃取缸内压力和平面平衡后，再关闭萃取缸周围的阀门，打开放空阀门3和阀门a_1或打开放空阀门11和阀门a_2待没有压力后，打开萃取缸盖，取出料筒为止，整个萃取过程结束。

四、实验数据处理

表 5-29-1　实验数据记录样表

样品	样品收率

五、注意事项

1. 此装置为高压流动装置，非熟悉本系统流程者不得操作，高压运转时不得离开岗位，如发生异常情况要立即停机，关闭总电源检查。

2. 泵系统启动前应先检查润滑的情况是否符合说明，填料压帽不宜过松或过紧。

3. 电极点压力表操作前要预先调节所需值，否则会产生自动停泵或电极失灵超过压力的情况，温度也同样到一定值自动停止加热。

4. 冷冻系统冷冻管内要加入30%的乙二醇（防冻液），液位以不要溢出为止。

5. 冷冻机采用R22氟利昂制冷，开动前要检查冷冻机油，如过低时要加入25$^\#$冷冻机油，正常情况已调好，一般不要动阀门。

6. 正常运转情况：高压表夏天为15～20kg/cm^2，冬天为5～15kg/cm^{2}均为正常，低压表为1～2kg/cm^{2}以下为正常。

7. 长时间不用就回收氟利昂，具体操作为关闭供液阀门开机5分钟左右。低压表低于0.1MPa停机即可。

8. 制冷系统通氟后，如发生故障后，先用上述方法回收氟利昂后，检查电磁阀至膨胀阀10管线，无堵塞或检查过滤器有无堵塞，有堵塞时，清理即可；如果氟利昂过少，制冷效果不佳，请专业人员清理即可。

9. 要经常检查各连接部位是否松动。

10. 泵在一定时间内要更换润滑油。

11. 加热水箱保温：（1）长时间不用，请将水排放防止冬天冷坏保温套和腐蚀循环水泵。（2）一般开机前检查水箱水位，不够应补充（因温度蒸发），同时检查循环水泵转动轴是否灵活转动，防止水垢卡死转轴，烧坏电机。

六、思考题

1. 什么是超临界流体？
2. 超临界流体与气体、液体的区别有哪些？
3. 超临界流体萃取过程的主要操作参数是什么？试阐述温度和压力对萃取过程的影响。
4. 超临界CO_2有什么特性，超临界水又有哪些特性？
5. 超临界CO_2萃取与传统有机溶剂萃取的区别是什么，有哪些特点，适用哪些物质的提取分离？
6. 何为夹带剂？
7. 超临界流体萃取系统主要由哪几部分组成？
8. 试从有关超临界流体萃取的论著中选择一种典型流程，用热力学原理分析萃取全过程的能量消耗情况。

拓 / 展 / 阅 / 读

随着研究范围的深入和扩大，国内不少单位已将实验室的中药有效成分或中间原料提取的研究与中药药理研究、临床应用研究相结合，与我国生产的名优中成药工艺改革及二次开发相结合，为超临界萃取技术的工业应用赋予了新的活力，较具代表性的如：超临界流体萃取法从黄花蒿中提取菁蒿素。

屠呦呦，多年从事中药和中西药结合研究，突出贡献是创制新型抗疟药青蒿素和双氢青蒿素。1972年成功提取分子式为$C_{15}H_{22}O_5$的无色结晶体，命名为青蒿素。2011年9月，因发现青蒿素是一种用于治疗疟疾的药物，挽救了全球，特别是发展中国家数百万人的生命获得拉斯克奖和葛兰素史克中国研发中心"生命科学杰出成就奖"。2015年10月屠呦呦获得诺贝尔生理学或医学奖，理由是她发现了青蒿素，该药品可以有效降低疟疾患者的死亡率。她成为首获科学类诺贝尔奖的中国人。

菁蒿素是来自菊科植物黄花蒿的一种倍半萜内酯类化合物，是我国唯一得到国际承认的抗疟新药。传统的汽油法收率低、成本高、存在易燃易爆等危险。用二氧化碳超临界萃取法，从0.1L、5L设备小试到25L、50L中试放大、一直到200L的工业化生产证明，超临界CO_2萃取工艺比传统方法（汽油法）优越，产品收率提高1.9倍，生产周期缩短为100h，成本每kg降低447元，避免易燃易爆的危险，减少三废污染，大大简化了工艺。

实验30 碳酸二甲酯生产工艺

一、实验目的

1. 了解化工产品开发的研究思路和实验研究方法。

2. 了解碳酸二甲酯生产过程，设计合理工艺流程，完成实验装置安装。

3. 学会稳定操作条件的方法，运用已掌握的实验技术与设备，完成产品的反应、分离与精制。

4. 学会收集有关信息和数据，正确处理数据。

5. 了解工艺实验全流程的设计、组织与实施，获得必要工艺参数。

二、实验原理

原料：碳酸丙烯酯（PC），甲醇，Na_2CO_3。

产品性质：碳酸二甲酯（DMC）的分子式为$(CH_3O)_2CO$，常温下是一种无色透明可燃的液体。沸点90.1℃，熔点4℃，闪点18℃，相对密度1.069。不溶于水，与乙醇、乙醚混溶，毒性轻微，对人体皮肤、眼睛和黏膜有刺激。本实验采用Na_2CO_3为催化剂。

碳酸二甲酯的生产方法主要有光气甲醇法、醇钠法、酯交换法、甲醇氧化羰基化法等方法。其中，酯交换法利用环氧乙烷或环氧丙烷为原料，反应快速简单，生产过程无毒无污染，还可副产用途广泛的乙二醇或丙二醇，是一种比较有发展前途的方法。

酯交换法的生产原理是在碱性催化剂（甲醇钠，甲醇钾，有机胺等）的作用下，用碳酸丙烯酯（PC）与甲醇进行酯交换反应，生成碳酸二甲酯和丙二醇产品。

PC与甲醇进行酯交换反应生成碳酸二甲酯工艺流程（图5-30-1）：整个工艺包括反应精馏、脱轻组分、共沸物分离、溶剂回收、甲醇回收和碳酸丙烯酯回收等六个主要工序，甲醇与DMC在反应精馏塔中形成的共沸物从塔顶蒸出，共沸物组成为$m_{DMC}:m_{甲醇}=30:70$，共沸点约为63.5℃。

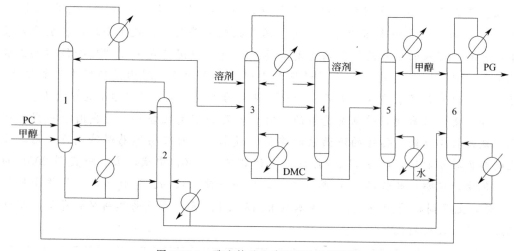

图5-30-1 酯交换法生产DMC工艺流程

1—反应精馏塔；2—脱轻组分塔；3—萃取精馏塔；4—溶剂回收塔；5—甲醇回收塔；6—PC回收塔

三、反应方程及影响反应因素

1. 温度的影响。该反应为可逆放热反应，从热力学角度分析，降低反应温度对提高平衡转化率有利；从动力学角度分析，提高温度对反应速率有利；但DMC与甲醇在63.5℃有最低共沸物形成。由于温度受平衡转化率的限制，不宜过高，适宜温度为60℃～70℃。

$$2CH_3OH + H_3C-CH-CH_2 \longrightarrow CH_3-CH-CH_2 + CH_3-O-\overset{O}{\underset{}{C}}-O-CH_3$$
$$\qquad\qquad\quad \underset{O-C-O}{\underset{\|}{}} \qquad\qquad \underset{OH\ \ OH}{}$$

2. 原料配比的影响。采取甲醇过量的原料配比既可以提高原料 PC 的平衡转化率,又有助于产品 DMC 以共沸物的形式与副产物分离。适宜原料比应为 $n_{(CH_3OH)}:n_{(PC)}=9:1$。

3. CH_3OH-DMC 共沸物分离方法的影响。共沸精馏法是在共沸物中添加夹带剂,使甲醇生成比原共沸物共沸温度更低的新共沸物,利用共沸温度的差异获得 DMC 产品。共沸精馏更简便。

四、实验装置

1. 实验装置:酯交换反应器由酯交换器、冷凝器、精馏柱、控温装置等组成,反应装置见图 5-30-2。

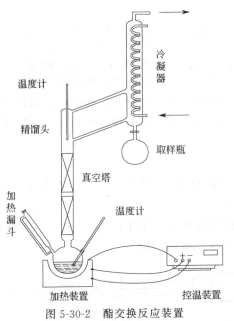

图 5-30-2 酯交换反应装置

2. 条件控制:$n_{(CH_3OH)}:n_{(PC)}=9:1$,甲醇分三次加入,其比例为 6:3:1,反应温度 60℃~70℃,催化剂用量为 PC 质量的 6%。

五、实验步骤

1. 安装好实验装置及连接电路,待指导教师检查后认为合格后,方可开始操作。
2. 按一定配比分别称重碳酸丙烯酯和催化剂于反应器内,接通电源,同时打开冷却水,开动加热和控温装置。
3. 加热至设定温度后,由恒压漏斗向反应器釜内分批加入一定量甲醇。
4. 自馏分开始回流计时,使反应稳定后,反应生成的碳酸二甲酯和甲醇共沸物经精馏柱蒸出后冷凝采出,每隔 10~20 分钟取一次样品。
5. 将采出的甲醇和 DMC 共沸物以及釜液用 GC-MS 定性分析和气相色谱定量分析,然后算出各组分的百分含量。

六、实验数据处理

1. 原始记录：

时间_____；温度_____℃；PC 量_____；甲醇量_____；催化剂 $NaCO_3$ 量_____。

2. 分析结果：

表 5-30-1 实验数据记录样表

反应时间/min	原料 PC 重量/g	原料甲醇重量/g	反应液 DMC 重量/g	反应液 PC 重量/g	反应液甲醇重量/g
10					
20					
30					
40					
50					

3. 计算结果：

$$PC\ 转化率 = \frac{反应掉\ PC\ 量(g)}{原料中\ PC\ 总量(g)} \times 100\%$$

$$DMC\ 选择性 = \frac{生成\ DMC\ 量(物质的量)}{反应掉\ PC\ 量(物质的量)} \times 100\%$$

$$DMC\ 收率 = PC\ 转化率 \times DMC\ 选择性$$

4. 将转化率、选择性、收率对反应时间做出图表，找出最适宜的反应时间。

七、思考题

1. 列出三种分离 CH_3OH-DMC 共沸物的方法，各有什么优点和不足，若不受条件限制，哪种方法应优先考虑？
2. 酯交换制备 DMC 的反应为什么可以采用反应精馏的方法来实现？
3. 思考在本实验中会产生哪些副产物？

拓 / 展 / 阅 / 读

20 世纪 80 年代以来，我国的科技工作者开始积极关注纳米技术。虽然起步较晚，但在 90 年代初很快步入世界先进行列。纳米技术的研究和应用在信息、微电子、材料科学等领域与先进国家比，处同一起跑线上。化工医药方面也取得不少研究和产业化的成果，例如：天津大学的纳米铁粉制取技术，使我国成为美、日之后的第三个工业化生产国。中科院固体物理研究所从事的纳米材料研究，其氧化物纳米粉、纳米固体合成、自组织方法制备特种纳米材料等技术，成为国家攀登计划和纳米材料科学的支撑单位之一。山东正元纳米材料工程公司是纳米技术产品的产业化企业。国家超细粉末工程研究中心是国内非金属纳米技术的产业化单位，他们的产品有：碳酸钙特细粉体、纳米生物粉末、超细磁粉、高氯化聚乙烯树脂等，其应用成果国内领先、市场前景十分广阔。